U0150244

无线多跳网络路由及
对定向传输的支持

赵瑞琴 著

科学出版社

北京

内 容 简 介

本书系统介绍无线多跳网络路由以及网络对定向传输有效支持的原理、方法及其应用。本书共 8 章，主要讲述无线 Ad hoc 网络单播路由、具有延长网络寿命的无线多跳网络广播路由、转播引发新转播模型、大规模高密度无线多跳网络广播路由、定向传输在无线多跳网络中的应用、基于扫描的定向邻结点发现和联合路由的非辅助定向邻结点发现等无线多跳网络组网方法与理论。

本书可作为无线通信、无线网络等领域专业人员的参考书，也可作为高等院校相关专业师生的参考书。

图书在版编目(CIP)数据

无线多跳网络路由及对定向传输的支持/赵瑞琴著. —北京：科学出版社，2020.5

ISBN 978-7-03-064090-1

Ⅰ.①无⋯　Ⅱ.①赵⋯　Ⅲ.①无线网-路由协议-研究　Ⅳ.①TN92

中国版本图书馆 CIP 数据核字(2020) 第 015338 号

责任编辑：宋无汗　李　萍／责任校对：杜子昂
责任印制：张　伟／封面设计：陈　敬

科学出版社 出版
北京东黄城根北街 16 号
邮政编码：100717
http://www.sciencep.com

北京中石油彩色印刷有限责任公司 印刷
科学出版社发行　　各地新华书店经销
*
2020 年 5 月第 一 版　开本：720×1000　B5
2021 年 1 月第二次印刷　印张：9　1/2
字数：200 000
定价：98.00 元
(如有印装质量问题，我社负责调换)

前　　言

在无线多跳网络中，源结点到目的结点之间的典型路径是由多跳无线链路组成的。网络任意结点既可充当端结点产生或接收数据分组，又可充当中间结点 (路由器) 对来自其他结点的数据分组进行转发。无线 Ad hoc 网络、无线传感器网络以及无线 Mesh 网络均属于无线多跳网络。无线多跳网络可以随时随地以任意的方式组网，该网络是自组织、自生成和自管理的。因为结点的加入或离去并不依赖某个或者某几个专门的结点来进行组织和控制，所以无线多跳网络容许结点发生故障和结点随意的加入或离去。无线多跳网络具有自组织能力，一方面可以简化网络的管理，提高其稳健性和灵活性；另一方面，它能在动态环境下使资源得到有效利用。这些优点引起了人们越来越多的关注。

虽然无线多跳网络具有不可替代的优越性和潜在的应用前景，但其自身的特点也给网络的研究和应用带来了许多困难和挑战。无线多跳网络的能耗受限、自组织和多跳路由等特点使其路由协议非常复杂。由于无线多跳网络物理层的无线带宽资源相比有线网络非常有限，因此不能将有线网络的路由协议直接用于无线多跳网络。另外，无线多跳网络的容量受到物理层使用全向传输的限制。全向传输不仅给周围其他结点通信带来干扰，而且由于天线功率全向散布，天线在期望方向的功率不够大，进而减小了单跳的传输距离。在无线多跳网络中采用定向天线能克服全向天线所带来的不足，有效增加单跳传输的距离、减小干扰和提高空间复用度，从而能显著增大网络容量。

本书从无线多跳网络的研究热点出发，重点讨论其路由机制和有效支持定向天线的无线多跳网络组网方法，旨在对当前无线多跳网络路由及定向传输的方法和理论进行详细梳理，明确不同方法的优点与不足以及各种理论之间的区别与联系，指出无线多跳网络组网的挑战所在，为无线多跳网络的组网设计与应用提供理论指导。

本书共 8 章。具体章节安排如下：第 1 章为绪论，介绍无线多跳网络的概念、内涵及关键技术。第 2 章对现有的无线 Ad hoc 网络的单播路由协议进行分类，在此基础上介绍并对比三种经典的单播路由协议。第 3 章针对无线多跳网络中存在的广播风暴问题，给出了有效延长网络寿命的无线多跳网络广播路由机制，并分别从广播分组到达率和广播分组转发率两个角度对所提路由机制性能进行了仿真分析。第 4、5 章基于一次转播引发新转播的分析，给出了适用于无线传感器网络的广播路由机制。在此基础上，分析结点的度在顶点转播策略中的作用，给出适用于大规模高密度无线多跳网络的广播路由机制，得出最少冗余广播算法。第 6 章以提升无线多跳网络容量为目的，介绍定向天线技术在无线多跳网络中的应用价值与存在的挑战。第 7、8 章讨论适用于无线多跳网络的定向邻居发现算法，分别介绍基于扫描的定向邻居发现算法和非辅助定向邻居发现算法，可以实现收发结点均采用定向天线时的高效邻结点发现算法。在此基础上，采用跨层设计思想，将定向邻居发现算法与无线多跳网络路由结合起来，在无线多跳网络中完成对定向传输的有效支持，为提升无线多跳网络容量奠定基础。

　　本书的研究工作先后得到国家自然科学基金项目 (项目号: 61571367，90104012，51249005) 和综合业务网理论及关键技术国家重点实验室开放课题 (ISN7-03) 的资助。在撰写本书的过程中，王娟做了部分校对与绘图工作，在此表示感谢。

　　鉴于作者水平有限，书中难免存在不足之处，敬请读者批评指正。

目　　录

第1章 绪 论

1.1 无线多跳网络概述

目前，物联网、智能天线、无线 Ad hoc 网络、无线 Mesh 网络以及超宽带技术已成为无线通信领域中的前沿技术，这些技术很可能使第五代移动通信技术 (the 5th generation mobile communication technology, 5G) 落伍，甚至可能会影响第六代移动通信技术 (the 6th generation mobile communication technology, 6G)。这些技术无疑对信息技术和无线通信的飞速发展起着举足轻重的作用。随着信息技术的发展，人们对无线移动通信技术的需求越来越强烈。移动通信的发展从第一代已经发展到了第五代，目前 5G 已成为国内外的研究热点并开始商用。5G 是将蜂窝网络 (cellular network)、物联网、卫星通信网、无线多跳网络、无线局域网 (wireless local area network, WLAN) 及无线个人网络 (wireless personal area network, WPAN) 等不同类型的无线移动网络无缝高速地连接起来，提供各种业务的综合通信网络 (Yuan et al., 2014)。如图 1.1 所示，未来的网络将使人与人之间的通信更加方便和快捷。

在无线多跳网络中，源结点到目的结点之间的典型路径是由多跳无线链路组成的，该路径上的中间结点充当转发结点。因此，无线多跳网络中任意结点具有两种功能，一种功能是充当端结点产生或接收数据分组；另一种功能是充当路由器对来自其他结点的数据分组进行转发。在现有的无线网络中，虽然无线 Ad hoc 网络、无线传感器网络 (wireless sensor network, WSN) 以及无线 Mesh 网络均属于无线多跳网络，但它们各自有不同的产生背景和特点。

无线 Ad hoc 网络具有与其他无线移动通信网络不同的特点。一般的移动通信技术是集中式控制的。有中心的移动通信网络需要预先架设好网络中心控制结点才能正常工作，而且一般中心结点负荷很重，其成本也很高。例如，蜂窝移动通信网需要有基站和移动交换中心等网络基础设施才能实现组网与通信。其中，基站就是网络的中心结点，它与普通结点，也就是移动终端在网络中的地位是不对等的，所有移动终端要与其他任何一个终端进行通信时，都必须经过基站的转发 (即使在两个终端距离很近的情况下)。无线局域网也是工作在有接入点 (access point,

AP) 和有线骨干网的模式下。而无线 Ad hoc 网络是一种分布式自组织网，也就是说无线 Ad hoc 网络是采用分布式控制方式组网的，与一般的移动通信网有显著的区别。无线 Ad hoc 网络中所有结点的地位平等，无需设置任何中心控制结点，具有很强的抗毁性 (Scott et al., 1999)。

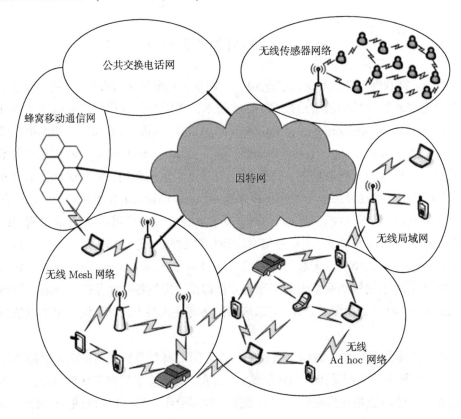

图 1.1　未来的网络

　　无线传感器网络是由大量传感器结点组成的结点分布密集的一种特殊的无线 Ad hoc 网络。无线传感器网络最初来源于美国国防部高级研究计划局 (Defense Advanced Research Project Agency, DARPA) 的一个研究项目。冷战时期，为了监测敌方潜艇的活动情况，需要在海洋中布置大量的传感器，使用这些传感器所测信息来实时监测潜艇的行动。但由于技术条件的限制，传感器网络的应用当时只能局限于军方的一些项目中，难以得到推广。近年来随着无线通信、微处理器、微型机电系统等技术的发展，无线传感器网络的理想蓝图能够得以实现，应用前景越来越广 (Zheng et al., 2006; Akyildiz et al., 2002)。目前，以物联网为代表的无线传感器网络已成为国内外无线通信领域内的一大研究热点。

无线 Mesh 网络 (wireless Mesh networks, WMN) 可以看成是无线 Ad hoc 网络的商业化版本 (方旭明, 2006; Akyildiz et al., 2005; Bruno et al., 2005)。由于应用环境和技术成本的原因, 这种针对军事应用而提出的无线 Ad hoc 网络不适合直接应用到民用通信领域。在通信网络中, 最大的民用通信业务应该是包括基于网际互联网协议 (internet protocol,IP) 的语音传输业务在内的因特网业务。因此, 为了能够实现无线通信中无处不在的目标, 需要基于无线 Ad hoc 网络的技术, 开发出一种完全适用于民用通信的无线多跳网络技术, 无线 Mesh 网络就是基于这一需求而出现的。

1.1.1   无线 Ad hoc 网络

Ad hoc 一词源于拉丁语, 是 "特别的, 临时的" 意思。无线 Ad hoc 网络是一种特殊的、没有类似蜂窝网中基站等固定基础结构支持的, 完全由一组带有无线收发装置的移动主机组成的一个多跳的临时性自治系统。这些移动主机既可充当端结点, 又可充当网络中间结点, 实现为其他结点转发信息的功能, 可以通过无线连接构成任意网络拓扑。无线 Ad hoc 网络既可以独立工作, 也可以以末端子网的形式接入现有的因特网或移动通信网。

无线 Ad hoc 网络并非一个全新的概念, 其前身是源于军事通信需要的分组无线网 (packet radio network, PRNET)。早在 1972 年, 美国 DARPA 就启动了分组无线网项目, 研究在战场环境下利用分组无线网进行数据通信。在此之后, DARPA 于 1983 年启动了高生存性自适应网络 (survivable adaptive network, SURAN) 项目, 研究如何将分组无线网的研究成果加以扩展, 以支持更大规模的网络。1994 年, DARPA 又启动了全球移动信息系统项目, 旨在对能够满足军事应用需要和高抗毁性的移动信息系统进行全面深入的研究。成立于 1991 年 5 月的 IEEE 802.11 标准委员会采用了 "无线 Ad hoc 网络" 一词来描述这种特殊的自组织、对等式、多跳无线移动通信网络, 无线 Ad hoc 网络就此诞生。

无线 Ad hoc 网络不仅继承了一般无线移动网络的特性, 而且具有如下特点 (Basagni,2004; Scott et al., 1999)。

(1) Ad hoc 特性: 无线 Ad hoc 网络具有独立组网能力, 网络的布设无需依赖任何预先架设的网络设施。网络可以由任意一组无线 Ad hoc 网络主机以随意的方式动态组成临时性网络。

(2) 无中心: 无线 Ad hoc 网络无需任何预先架设的网络设施或中心结点, 所有结点以分布式对等的方式工作，可同时充当独立的终端和路由器。

(3) 多跳路由：对于超过本地覆盖范围的目的结点间的数据传输，源结点可以借助中间结点实现多跳转发。

(4) 移动性 (动态拓扑)：任意结点都可以在通信的过程中随意移动，使得无线 Ad hoc 网络的拓扑动态变化。

(5) 特殊的无线信道特征：无线 Ad hoc 网络采用无线传输技术，无线信道不仅带宽资源非常有限，而且信道误码率相比有线信道要高得多。由于无线信道存在竞争，共享无线信道会产生冲突、信号衰减、多径衰落、多径干扰、噪声和信道之间干扰等因素，移动终端获得的实际带宽远远小于理论上的最大带宽，并会随时间动态变化，还有可能存在单向信道。

(6) 移动终端的便携性与局限性：移动终端具有携带方便、轻便灵巧等优点，但也存在固有缺陷，如能源受限、内存较小、CPU 处理能力较低和成本较高等，这些给应用的设计开发和推广带来一定难度。同时显示屏等外设的功能和尺寸受限，不利于开展功能较复杂的业务。考虑到结点一般依靠电池供电，节能问题无疑是无线 Ad hoc 网络各层技术均要考虑的问题。

(7) 安全性差：由于采用无线信道、有限电源和分布式控制等技术，无线 Ad hoc 网络更加容易受到被动窃听、主动入侵、拒绝服务和剥夺"睡眠"等网络攻击。因此，信道加密、抗干扰、用户认证、密钥管理、访问控制和其他安全措施都需要特别考虑。

由以上无线 Ad hoc 网络的特点可以看出，一方面，无线 Ad hoc 网络具有以往其他无线移动通信网络所不具备的独特优势，如由于网络的分布式控制方式和自组织特性使得无线 Ad hoc 网络具有很好的鲁棒性、单个结点的独立性与网络多跳转发的协同性相结合等，无线 Ad hoc 网络是一种特殊而又重要的移动通信网络，是未来移动通信的必要组成部分之一；另一方面，无线 Ad hoc 网络自身也存在诸如移动终端局限性、无线信道带宽有限、误码率高以及存在安全隐患等尚待解决的问题和技术难点。

1.1.2 无线传感器网络

无线传感器网络是一种综合了传感器、低功耗通信以及微机电等技术的网络，它最初也来源于美国 DARPA 的研究项目 (Zheng et al., 2006;Akyildiz et al., 2002)。在无线传感器网络中，网络结点由小体积、低成本和靠电池供电的微型传感器构成，在网络中每个传感器结点收集、感知并分析获得的传感数据。一般而言，无线传感器网络是由大量的传感器结点组成的密集无线 Ad hoc 网络。无线传感器网络可以在任何军事或非军事的环境中展开，收集并分析周围环境中所需的传感数据。

无线传感器结点由以下几部分组成：

(1) 计算子系统，由微处理器或微控制器构成，负责控制传感器、执行通信协议及处理传感数据等任务。

(2) 通信子系统，负责传感器节点间的无线传输。

在无线传感器网络中，每个结点的功能都是相同的，大量传感器结点被布置在整个被观测区域中，各个传感器结点将自己所探测到的有用信息通过初步的数据处理和信息融合之后传送给用户，数据传送的过程是通过相邻结点的接力传送的方式传送回基站，然后再通过基站以卫星信道或者有线网络连接的方式传送给最终用户。

无线传感器网络与传统网络相比有一些独有的特点，正是由于这些特点使得无线传感器网络存在很多新问题，提出了很多新的挑战。传感器网络的主要特点如下。

(1) 无线传感器网络的结点数量大、密度高。因为无线传感器网络结点的微型化，每个结点的通信和传感半径很有限，而且为了节能，传感器结点大部分时间处于睡眠状态，所以往往通过铺设大量的传感器结点来保证网络的质量。传感器网络的结点数量和密度要比一般无线 Ad hoc 网络高几个数量级，密度可能达到每平方公里有成千上万个结点，甚至多到无法为单个结点分配统一的物理地址。这会带来一系列问题，如信号冲突、信息的有效传送路径的选择、大量结点之间如何协同工作等。

(2) 无线传感器网络的结点有一定的故障率。由于无线传感器网络可能工作在恶劣的外界环境之中，网络中的结点可能会由于各种不可预料的原因而失效，为了保证网络的正常工作，要求无线传感器网络必须具有一定的容错能力，允许传感器结点具有一定的故障率。

(3) 无线传感器网络的结点在电池能量、计算能力和存储容量等方面有限制。传感器结点的电池是不可补充的。因为传感器结点微型化，结点的电池能量有限，而且由于物理限制难以给结点更换电池，所以传感器结点的电池能量限制是整个传感器网络设计中最关键的约束之一，它直接决定了网络的工作寿命。另一方面，传感器结点的计算和存储能力有限，使得其不能进行复杂的计算，传统因特网网络上成熟的协议和算法对无线传感器网络而言开销太大，难以使用，必须重新设计简单有效的算法及协议。

(4) 无线传感器网络的拓扑结构变化很快。由于无线传感器网络自身的特点，传感器结点在工作和睡眠状态之间切换以及传感器结点随时可能由于各种原因发生故障而失效，或者有新的传感器结点补充进来以提高网络的质量，这些特点都使得传感器网络的拓扑结构变化很快，对网络各种协议的有效性提出了挑战。此外，如果结点具备移动能力，也有可能带来网络的拓扑变化。

(5) 以数据为中心。在无线传感器网络中，人们只关心某个区域的某个观测指标的值，而不会去关心具体某个结点的观测数据。例如，人们可能希望知道"检测区域的东北角上的温度是多少"，而不会关心"结点 8 所探测到的温度值是多少"。这就是无线传感器网络以数据为中心的特点。而传统网络传送的数据是和结点的物理地址联系起来的，以数据为中心的特点要求无线传感器网络能够脱离传统网络的寻址过程，快速有效地组织起各个结点的信息并融合提取出有用信息直接传送给用户。

1.1.3　无线 Mesh 网络

美国通过一些大型国防项目，攻克了无线 Ad hoc 网络的一些关键技术。可是，除了战术无线通信以外，无线 Ad hoc 网络真正的商业应用在哪里？这是业界一直困惑的一个问题。2000 年初，美国军方将战术移动通信系统的一些专利技术转让给了美国 MeshNetworks 公司，用于商业化产品的开发，至此，无线 Ad hoc 网络的商业化进程开始显现。MeshNetworks 公司成立以后，成功地开发了一系列具有自主知识产权的无线多跳民用产品 —— 无线 Mesh 网络全套技术产品，并在市场上获得了初步的成功 (基于 MeshNetworks 公司及其生产的相关产品具有良好的成长性，目前该公司已被 Motorola 收购)。2002 年，Intel 公司开始关注并认可无线 Ad hoc 网络技术，MeshNetworks 和 Tropos 等公司开始相继开发出适用于商业应用的相关产品。这些产品和方案主要定位于移动性较小或静止的无线 Mesh 网络。于是，无线 Mesh 网络的概念得到人们的关注。2004 年，无线 Mesh 网络被美国 *Telecommunications* 杂志评选为年度十大热门通信技术之一。业内普遍认为无线 Mesh 网络是无线网络技术的一个发展方向。

"Mesh"是指所有网络结点都互相连接。无线 Mesh 网络也称为无线网状网络和无线网格网络，是一种多跳、具有自组织和自愈特点的宽带无线网络结构，即一种高容量、高速率的分布式网络。有观点认为：无线 Mesh 网络是无线 Ad hoc 网络的一种商业化版本；无线 Mesh 网络是因特网的无线版本；无线 Mesh 网络作为

"最后一公里",是无线宽带接入因特网的一个理想解决方案;无线 Mesh 网络可以和多种宽带无线接入技术,如 802.11,802.16,802.20 以及 5G 移动通信等技术相结合,是一项非常有前途的技术。

无线 Mesh 网络的结点有两种类型:Mesh 路由器和 Mesh 客户端 (终端)。在无线 Mesh 网络中,由 Mesh 路由器互连构成无线骨干网,其移动性很小,可以提供无线 Mesh 网络与其他网络连接的网关和路由功能。Mesh 终端可以是静止或移动的,可自己组网或与 Mesh 路由器共同组网,也具有一定的无线 Mesh 网络互连和分组转发功能,但是一般不具有网关功能,Mesh 终端通常只具有一个无线接口,实现复杂度远小于 Mesh 路由器。

无线 Mesh 网络的系统结构根据结点功能的不同分为三类 (Akyildiz et al., 2005)。

1. 骨干网 Mesh 结构

骨干网 Mesh 结构 (分级结构) 是由 Mesh 路由器组成的一个可以自配置和自愈的无线多跳网络,通过 Mesh 路由器的网关功能与因特网相连,并为客户端提供接入服务。这种网络结构下,普通客户端和已有的无线网络可以通过 Mesh 路由器的中继或网关功能接入无线 Mesh 网络,如图 1.2 所示,其中虚线和实线分别表示无线连接和有线连接。如果普通客户端具有与 Mesh 路由器相同的无线技术 (如 Mesh 客户端),则可以直接建立通信;若所用的无线技术不同,则客户端需要先接入基站或接入点,然后再与 Mesh 路由器相连。

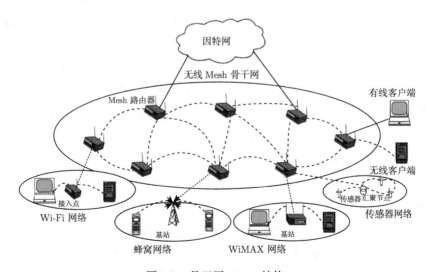

图 1.2 骨干网 Mesh 结构

2. 客户端 Mesh 结构

客户端 Mesh 结构 (平面结构) 是由 Mesh 客户端组成的在用户设备间提供点到点服务的无线 Mesh 网络。因为组成此网络的各结点不需要有网关功能，所以这种无线网络中无需 Mesh 路由器。此网络结构中，任意结点发出的数据包可以经由多个同类结点的转发抵达目的结点，虽然结点不需要有网关功能，但路由和自组织能力是必须具备的。这种网络结构中的客户端通常只使用一种无线技术。因此，客户端 Mesh 结构网络和传统的无线 Ad hoc 网络相同。客户端 Mesh 结构如图 1.3 所示。

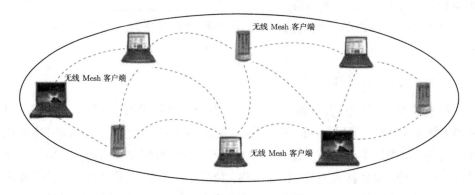

图 1.3　客户端 Mesh 结构

3. 混合 Mesh 结构

混合 Mesh 结构网络由骨干网 Mesh 结构网络和客户端 Mesh 结构网络组合而成，如图 1.4 所示。Mesh 客户端可以通过 Mesh 路由器接入骨干 Mesh 网络。这种结构提供了与其他一些网络结构的连接，如因特网、WLAN、全球互通微波访问 (world interoperability for microwave access，WiMAX)、蜂窝和传感器网络。同时，客户端的路由能力可以为无线 Mesh 网络增强连接性和扩大覆盖范围。

无线 Mesh 网络具有以下特点。

1) 多跳无线网络

在不牺牲信道容量的情况下，扩展当前无线网络的覆盖范围是无线 Mesh 网络最重要的目标之一。无线 Mesh 网络的另一个目标是为处于非视距范围的用户提供连接。通过无线 Mesh 网络连接和短距离链路的接力传递，就可以为整个网络提供较高的吞吐量和频谱复用效率。将传统 WLAN 的"热点"覆盖扩展为更大范围的"热区"覆盖，消除原有的 WLAN 随距离增加导致的带宽下降。另外，采用 Mesh 结构的系统，信号能够避开障碍物的阻挡，使信号传送畅通无阻，消除盲区。

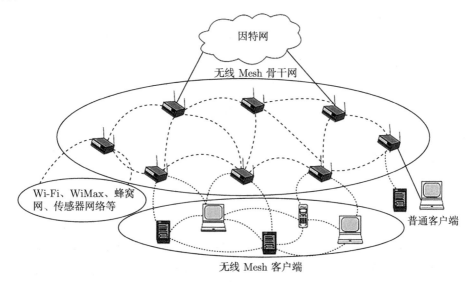

图 1.4 混合 Mesh 结构

2) Ad hoc 网络结构, 具有自组织和自愈能力

由于无线 Mesh 网络具有灵活的网络结构、便利的网络配置、较好的容错能力和网格连通性, 使得无线 Mesh 网络大大提升了现有网络的性能。在较低的前期投资下, 无线 Mesh 网络可以根据需要逐步扩展。

3) 组网方式灵活, 易于配置

传统 WLAN 中，每一个 AP 都需要通过有线连接到有线局域网；而无线 Mesh 网络由一组呈网状分布的无线 AP 组成, 只需要设置部分 AP 通过有线接入点连接到宽带骨干网就足够了, 至于 AP 与 AP 之间则采用点对点方式，通过无线多跳网络的方式互联，这大大减小了对有线资源的需求，使无线网络的部署更加便利。

4) 移动性与功耗限制取决于结点的类型

无线 Mesh 网络通常有 Mesh 路由器和 Mesh 客户端两类结点, 分别具有不同的移动性特征。Mesh 路由器通常移动性较低, 而 Mesh 客户终端则既可以是静态的结点, 也可以是任意的移动结点。Mesh 路由器通常由外部供电, 受功耗限制不严格, 而 Mesh 客户终端就如同蜂窝移动通信网络的手机一样, 需要有有效的节能机制。

5) 与现有无线网络的兼容性及互操作性

基于现有网络技术或标准 (如 IEEE 802.11) 的无线 Mesh 网络必须在支持原

标准上与这些标准相兼容, 无线 Mesh 网络还需要与其他无线网络 (如 WiMAX 和
蜂窝网络等) 有互操作性。

无线 Mesh 网络可以有很多应用, 如大规模城域网、家庭互联网络及本地监视
与控制、建筑物内的监视和控制、军用通讯和勘测以及诸如地震、火灾救灾现场等
临时性、突发性场合。

1.2 无线多跳网络的关键技术

无线多跳网络具有独特的优点, 它可以随时随地以任意的方式组网。这样的网
络是自组织的 (self-organizing)、自生成的 (self-creating) 和自管理的 (self-adminis-
tering)。因为结点的加入或离去并不依赖某个或者某几个专门的结点来进行组织
和控制, 所以容许结点发生故障、结点随意的加入或离去。由于网络具有自组织
能力, 一方面不但可以简化网络的管理, 提高其稳健性 (robustness) 和灵活性;
另一方面, 它能在动态环境下使资源得到有效利用。这些优点引起了人们越来
越多的关注。虽然无线多跳网络具有不可替代的优越性和潜在的应用前景, 但其
自身的特点也给这种网络的研究和应用带来了许多困难和挑战 (Chlamtac et al.,
2003)。无线多跳网络的技术难点和研究热点很多, 本书主要对以下几方面加以
讨论。

1.2.1 无线多跳网络的路由机制

按照一次端到端分组投递过程中目的结点的数目差异, 网络的路由机制一般
分为单播路由机制、多播路由机制以及广播路由机制。单播路由机制中, 仅有一个
目的结点; 多播路由机制中, 包含一组结点充当目的结点; 而广播路由机制中, 全
网所有结点均为目的结点。本书主要讨论单播路由机制与广播路由机制。

针对单播路由机制, 无线多跳网络的能耗受限, 自组织、多跳路由等特点使得
其路由协议非常复杂。一方面, 传统的针对有线网络设计的路由协议需要周期性地
交换信息来维护路由信息的时效性和正确性, 这将会带来大量的开销 (Zeng et al.,
2017; Bein et al., 2005; Garcia-Luna-Aceves et al., 2005; Grilo et al., 2005; Abolhasan
et al., 2004; Joa-Ng et al., 1999)。由于无线多跳网络物理层的无线带宽资源相比有
线网络非常有限, 因此不能将有线网络的路由协议用于无线多跳网络。另一方面,
无线多跳网络的网络结构与现有蜂窝网和无线局域网有着显著的区别, 蜂窝网和
无线局域网等其他无线网络从网络结构上看都属于有中心、单跳的无线网络, 与无

中心、多跳网络完全不同,因此现有其他无线网络的路由协议和策略是无法应用于无线多跳网络中的。为此,要实现无线多跳网络独特的多跳单播路由机制必须有新的路由协议的支持 (Barolli et al., 2004; Liu et al., 2004; Schumacher et al., 2004; Thomas et al., 2003; Pei et al., 2000a; Pei et al., 2000b; Broch et al., 1998; Chen et al., 1998; Perkins et al., 1994; Kleinrock et al., 1971)。

在无线多跳网络中,网络中的所有结点以自组织的方式分布式地进行组网,并采用自适应的路由协议完成任意结点之间的有效通信。在此过程中,网络不需要任何诸如蜂窝网中的基站等固定基础设施的支持,为此,广播是一种必要而又频繁的行为 (Williams et al., 2002; Lim et al., 2001; 李建东, 2001; Ni et al., 1999; Chiang et al., 1997; Bertsekas et al., 1992)。广播是一种全网范围内的点到多点的通信,是指网络中的某个结点要将一个分组发送到网络中所有其他结点的行为。通过广播,无线多跳网络可以在移动的环境下完成网络的初始化和网络的建立,完成紧急情况报告。网络中的结点可以将本地的信息与网络中其他结点共享,可以快速在全网中寻找一条或多条到达某一目的结点的路由等。无线多跳网络的一些路由协议,如 Ad hoc 按需距离矢量路由 (Ad hoc on demand distance vector, AODV) 协议 (Samir et al., 2003)、动态源路由 (dynamic source routing, DSR) 协议 (Hu et al., 2007)、位置辅助路由 (location aided routing, LAR) 协议以及区域路由协议 (zone routing protocol, ZRP) 等 (Abolhasan et al., 2004) 需要通过广播发现和建立源结点与目的结点之间路由。

在无线 Ad hoc 网络、无线传感器网络以及无线 Mesh 网络等无线多跳网络中,全网范围内的广播是一种必要而又频繁的行为。由于网络本身的不同、应用环境的不同以及网络支持的业务的不同,对无线多跳网络的广播算法会提出不同的要求。对于无线 Ad hoc 网络,要充分考虑其拓扑动态变化、带宽和能源受限的特点,广播算法应该是分布式的,且开销小、耗能少。对于无线传感器网络,除了考虑节能与减小开销的问题,还要考虑无线传感器网络结点密集、网络规模大以及结点处理能力较低等特点,针对无线传感器网络的特点为其设计最佳的广播机制。而对于无线 Mesh 网络,Mesh 路由器的处理能力却很强大,广播算法应更多考虑提高转播效率,减小转播冗余。

1.2.2 无线多跳网络容量的提升

目前,无线多跳网络容量的提高受到一些其自身制约因素的限制 (Ramanathan et al., 2005; Li et al., 2001; Gupta et al., 2000),造成这种网络容量限制的一个主要原因是传统的无线多跳网络物理层使用全向天线进行数据发送和接收。这种全向传输不仅给周围其他结点通信带来干扰，而且由于辐射功率全向散布，天线在期望方向的功率不能足够大，进而减小了单跳的传输距离。在无线多跳网络中采用智能天线 (smart antennas, SA) 能克服全向天线所带来的种种不足 (Liberti et al., 1999)。这一技术能够增加单跳传输的距离、减小干扰、提高空间复用度，从而能显著增大系统容量。然而，由于传统的无线多跳网络物理层采用全向天线，目前的无线多跳网络协议体系结构的各层都是基于全向天线而设计的。因此要想在无线多跳网络中使用定向天线，充分利用智能天线给无线多跳网络带来系统性能改善，仅仅在物理层进行替换是不够的。无线多跳网络协议体系的各层都应对智能天线进行恰当而有效的控制，那些针对全向天线设计的各种机制，如媒质接入、功率控制、邻居发现以及路由选择等，都必须针对使用智能天线的环境进行重新设计 (Ramanathan et al., 2005)。

1.2.3　无线多跳网络多址接入与节能

多跳共享的无线广播信道使得信道接入技术的研究更具挑战性 (Chlamtac et al., 2003)。多跳共享的无线广播信道不同于普通网络的共享广播信道、点对点无线信道和蜂窝移动通信中由基站控制的无线信道。它会给网络带来独特的隐藏终端和暴露终端问题，而隐藏终端和暴露终端问题会造成报文冲突，浪费宝贵的无线带宽资源。各结点发送报文的随机性使得其必须由信道接入协议来完成多跳共享信道的随机接入。另外，无线多跳网络中，移动结点一般使用电池供电，而受技术的限制，电池容量在短期内很难得到大规模的提高。延长电池工作时间对于无线多跳网络显得尤为重要。为此，节能问题也必须通过分布式的算法来协调完成，这也是无线多跳网络的技术难点之一。

1.2.4　无线多跳网络的安全问题

无线多跳网络面临的安全性威胁来自无线信道和网络本身，并且无线多跳网络安全机制面临巨大的挑战 (方旭明,2006; Bruno et al., 2005; Akyildiz et al., 2002)。首先，无线信道容易使无线多跳网络受到被动窃听、主动入侵、伪造身份和拒绝服务等各种方式的攻击。通过在适当的方位放置天线，攻击者就可以偷听到无线信道上传输的信息。这种通过被动窃听的攻击手段称为被动攻击，在被动攻击过程中，攻击者表面上不参与被攻击网络的内部信息交互，但是在窃听网络中传输重要信息，并对窃听到的信息进行分析，以此为依据攻击网络。无线信道中的信息容易被攻击者篡改，通过篡改信息内容来入侵网络的方法称为主动攻击，亦称为主动入侵。其次,当结点在战场移动时,由于缺乏足够的保护,很可能被占领。恶意攻击不仅来自网络外部,也可能来自网络内部。结点的移动使得无线多跳网络拓扑动态变化,结点间的信任关系也动态变化。这导致攻击者容易进行身份欺骗,在网络中伪装成一个合法的结点。假冒结点可能会广播虚假的路由信息,此时无线多跳网络面临两种威胁。一种威胁是所有的通信业务被定向传输到攻击者控制的结点。这时攻击者可以随意窃听、篡改网络中传输的信息,甚至可以中断整个网络的通信。毫无疑问,此时的网络传输速率会大幅下降,这意味着攻击者已经控制了整个网络。另一种威胁是假冒结点通过发送虚假路由信息欺骗与之联系的其他合法结点,因而受到虚假路由的影响,这些合法结点发出的路由信息也变成了虚假的,进而会影响更多的合法结点,最终整个网络将不能进行正常通信,若不及时采用有效的安全控制策略,网络就会迅速崩溃。

鉴于上述无线多跳网络中存在的安全问题,应该设计合理而有效的安全策略。考虑无线多跳网络的自身特点,在设计其安全策略时应注意以下几点。

(1) 无线多跳网络中,由于结点移动、战争环境、低能耗等因素,会使得结点容易"死亡"。"死亡"在这里具体是指由于缺乏足够的保护被敌方占领、电池耗尽或在战争中被敌方摧毁等。为了获取更高的生存能力,无线多跳网络应采取分布式的安全策略。

(2) 由于无线多跳网络拓扑动态变化,因此静态配置的安全策略在无线多跳网络中是不可行的,需要设计动态自组织的安全策略。

(3) 考虑到大规模的无线多跳网络结点数量很多,安全策略应具有可扩展性。

(4) 由于结点能量有限,CPU 的计算能力较低,无法实现复杂的加密算法,安全协议应具有算法简单、低开销的特点。

1.3 本 书 结 构

本书在深入研究国内外相关理论成果的基础上,结合理论分析与仿真验证,对无线多跳网络路由和支持定向天线的无线多跳网络的原理进行了深入研究,针对现有理论方法存在的不足提出改进的思路和新见解,对无线多跳网络的工程应用具有理论价值与指导意义。

在现有的无线网络中,无线 Ad hoc 网络、无线传感器网络以及无线 Mesh 网络均属于无线多跳网络。无线多跳网络是一个非常复杂的网络,其中有很多值得研究的课题。本书重点研究无线多跳网络的路由机制以及提高网络容量的若干理论方法。首先，介绍无线多跳网络的概念与内涵，以及其中的关键技术。在此基础上，对现有的无线 Ad hoc 网络的单播路由协议进行分类，介绍并对比三种经典的单播路由协议。其次，针对无线多跳网络中存在广播风暴问题，给出了有效延长网络寿命的无线多跳网络广播路由机制，并分别从广播分组到达率和广播分组转发率两个角度对所提路由机制性能进行了仿真分析。基于一次转播引发新转播的分析，给出了适用于无线传感器网络的广播路由机制。在此基础上，分析结点的度在顶点转播策略中的作用，给出适用于大规模高密度无线多跳网络的广播路由机制，得出最少冗余广播算法。接着，以提升无线多跳网络容量为目的，介绍定向天线技术在无线多跳网络中的价值与存在的挑战。考虑到邻居发现是采用定向天线的网络正常工作的前提，研究并给出基于扫描的定向邻居发现算法和非辅助定向邻居发现算法，可以实现收发结点均采用定向天线时，高效的邻结点发现算法。最后，采用跨层设计思想，将定向邻结点发现算法与无线多跳网络路由结合起来，完成在无线多跳网络中对定向传输的有效支持，为提升网络容量奠定基础。本书各章节具体安排如下。

第 1 章为绪论，给出了无线多跳网络的概念与内涵，分别介绍了无线 Ad hoc 网络、无线传感器网络和无线 Mesh 网络。在此基础上，针对无线多跳网络自组织、自生成和自管理的特点及其带来的挑战，重点讨论了目前无线多跳网络的技术难点和研究热点。

第 2 章首先研究了无线 Ad hoc 网络的单播路由协议，主要包括已被 IETF 无线 Ad hoc 网络工作组认可的三种典型的 Ad hoc 网络路由协议：动态源路由协议、Ad hoc 按需距离矢量路由协议和优化链路状态路由协议。然后，在 NS-2(徐雷鸣等，2003) 平台上搭建了能够模拟无线 Ad hoc 网络信道特性和动态拓扑的仿真环境，并在此基础上，通过仿真对这三种路由协议性能进行了对比和分析。最后，得出了它们各自的特点和应用场景，为网络路由协议的选择提供了依据。

第 3 章为解决无线 Ad hoc 网络中泛洪可能带来网络能量资源浪费的问题，给出了一种新的广播机制 —— 延长网络寿命的分布式广播 (maximum life-time distributed broadcast，MLDB)。该广播机制中，结点不需为有效广播维持过多的拓扑信息，网络中每个结点仅需获取本地邻结点 (1-hop 内结点) 信息就可以完成广播任务。在确定转播结点时，MLDB 让那些拥有较多未覆盖邻结点和较大新增加覆盖面积的结点进行转播。MLDB 的分布式设计解决了其他节能广播算法中存在的开销太大的问题，使其更加适用于无线 Ad hoc 网络的特殊环境中。与其他算法相比，MLDB 能够大幅降低转播冗余，有效增加网络寿命。

第 4 章针对无线传感器网络结点体积小、内存与计算能力小、靠电池供电和结点密度高的特点，提出了有效广播协议 (efficient broadcast protocol, EBP)。该广播路由通过对广播过程中一个结点转播之后其邻域内其他结点的转播，完成了对最佳新转播次数及最佳引发新转播位置的分析，并利用一个结点的邻域内所有结点到达邻域边界的平均最小距离来限制转播冗余。EBP 算法是一种适用于无线传感器网络的低开销的广播算法，它不需要任何邻结点信息就可以高效完成广播，大大降低算法的控制开销和存储开销。分析结果表明，EBP 算法简单有效，在无线传感器网络中具有良好的扩展性。

第 5 章研究了适用于大规模高密度的无线多跳网络的广播机制。高效的广播机制能够在保证广播覆盖率的条件下，最大限度地降低参与转播的结点在全网结点中所占的比例。以获取最低转播率为目的，提出了将结点的度应用于顶点转播策略中的思想。在此基础上，针对大规模高密度的无线多跳网络的特点提出了最少冗余广播算法，推导得出该算法的理论最大最小转播率的解析式，并通过仿真验证了理论分析的正确性。仿真结果表明，所提广播算法对于网络结点密度和网络规模有很好的扩展性。

第 6 章以提升无线多跳网络容量为出发点，对采用定向天线的无线多跳网络进行了研究，内容涉及采用定向天线无线多跳网络的信道接入、功率控制、路由改进以及邻居发现等方面。重点分析了定向天线给无线多跳网络带来的巨大潜能，指出了采用定向天线的无线多跳网络中有待深入研究的问题。

第 7 章针对采用定向天线的无线多跳网络邻居发现难的问题，给出了一种基于扫描的定向邻居发现算法，涉及 DTOR 和 DTR 两种模式。在此基础上，结合 IEEE 802.11 的分布式协调功能 (distributed coordination function, DCF) 接入机制对该算法的邻居发现时间和邻居发现概率进行理论建模和分析，得出了发现时间和发现概率的解析式。最后对所提基于扫描的定向邻居发现算法进行了仿真分析，验证了算法理论分析的有效性。

第 8 章针对现存定向邻居发现算法均需依赖诸如来自 GPS 或其他设备的结点位置或者时间同步等辅助信息的问题，给出了一种非辅助的能够充分利用定向天线为无线多跳网络带来优势的邻居发现算法 —— 非辅助的定向邻居发现算法 (unaided directional neighbor discovery, UADND)。UADND 可以在不依赖 GPS、时间同步等措施的条件下为无线多跳网络发现 DTOR 和 DTR 邻结点，使通过采用定向天线提升网络容量成为可能。UADND 利用跨层设计思想，将邻居发现与无线多跳网络路由机制结合起来。仿真结果表明，在移动结点大都靠电池供电的环境下，相比较其他定向邻居发现算法，UADND 能够以较小的控制开销和较低的能耗完成无线多跳网络的定向邻居发现。

第 2 章　无线 Ad hoc 网络单播路由协议

　　无线 Ad hoc 网络是一个多跳的临时性的自治系统。在这种环境中，由于结点的无线通信覆盖范围的有限性，两个无法直接通信的移动结点可以借助其他结点进行分组转发来进行数据通信。自组织网络内，结点之间通过多跳数据转发机制进行数据交换，需要路由协议进行分组转发决策 (Amiri et al., 2019)。

　　传统有线网络中采用的路由协议主要有两种算法：链路状态算法 (link state algorithm, LSA) 和距离矢量算法 (distance vector algorithm, DVA)。在距离矢量算法中，相邻路由器之间周期性地相互交换各自的路由表拷贝。当网络拓扑结构发生变化时，路由器之间也将及时地相互通知有关变更信息。链路状态算法，有时也称为最短路径优先 (shortest path first, SPF) 算法。每个结点通过周期性向邻结点广播 hello 分组获取关于自己邻居结点的最新信息，并将获得的信息以链路状态包 (link state packet, LSP) 的形式泛洪至全网所有其他结点，从而使网络中任意一个结点都能保存一份最新的关于整个网络的网络拓扑结构数据库。当网络拓扑结构发生变化时，最先检测到这一变化的结点将以 LSP 算法的形式泛洪至全网其他结点。

　　一方面，这两种传统的路由算法都无法直接应用于无线 Ad hoc 网络中。这是由于无线 Ad hoc 网络拓扑动态变化的特性使得传统的有线网络的 LSA 和 DVA 产生大量的用于路由更新和拓扑变化的控制信息。这些控制信息不仅会消耗掉无线 Ad hoc 网络原本非常有限的带宽资源，而且还会增加信道竞争，大量消耗便携终端的能量。

　　另一方面，无线 Ad hoc 网络结构与现有蜂窝网和无线局域网有着显著的区别，蜂窝网和无线局域网等其他无线网络从网络结构上看都属于有中心、单跳的无线网络，与无中心、多跳的无线 Ad hoc 网络完全不同。因此，现有其他无线网络的路由协议和策略是无法应用于无线 Ad hoc 网络中的。

　　因此，现有的有线和无线路由协议都不适合在无线 Ad hoc 网络中运行。无线 Ad hoc 网络特性为路由协议的设计提出了新的问题和挑战，主要包括以下几个方面 (王金龙等，2004)：

　　(1) 动态变化的网络拓扑。动态变化的拓扑结构是自组织网最显著的特点。在自组织网中直接运行常规路由协议,当拓扑结构变化后,常规路由协议需要花费很长的时间和较大的代价才能达到收敛状态。

(2) 单向信道的存在。常规路由协议通常认为底层的通信信道是双向的。但是在采用无线通信的自组织网环境中,由于发射功率或地理位置等因素的影响,可能存在单向信道。

(3) 有限的无线传输带宽。由于无线信道本身的物理特性,它所能提供的网络带宽相对于有线信道要低得多。此外,考虑到竞争共享无线信道产生的碰撞、信号衰减、噪声干扰、信道间干扰等多种因素,结点可得到的实际带宽远远小于理论上的带宽值。

(4) 无线移动终端的局限性。移动终端在带来移动性、灵巧、轻便等优点的同时,其固有的特性,如采用电池一类可耗尽能源来提供电源、内存较小、CPU 性能较低等,要求路由算法简单有效、实现的程序代码短小精悍、需要考虑如何节省能源等。而常规路由协议通常基于高性能路由器作为运行的硬件平台,没有上述的限制。

2.1　无线 Ad hoc 网络单播路由协议的分类

关于无线 Ad hoc 网络的单播路由协议 (简称路由协议) 有很多种,是基于各种不同策略的路由协议。无线 Ad hoc 单播路由协议的分类可以采用多种方法。下面从路由结构、路由发现策略、路由信息的存放方式及是否依赖 GPS 四个不同的角度对无线 Ad hoc 单播路由协议进行分类 (赵瑞琴,2017)。

2.1.1　按路由结构分类

从所处理的网络逻辑视图的角度划分,无线 Ad hoc 网络单播路由协议可分为平面路由协议和分级路由协议。

1. 平面路由协议

在平面路由协议中,所有结点在形成和维护路由信息的责任上是等同的 (王金龙等,2004)。路由协议的逻辑视图是平面结构,结点的地位是平等的。其优点是不存在特殊结点,路由协议的鲁棒性较好,通信流量平均分散在网络中,路由协议不需要结点移动性管理。缺点是缺乏可扩展性,限制了网络的规模。

2. 分级路由协议

在分级路由协议中,网络由多个簇组成,结点分为两种类型:普通结点和簇头结点。处于同一簇的簇头结点和普通结点共同维护所在簇内部的路由信息，簇头结点负责所管辖簇的拓扑信息的压缩和摘要处理，并与其他簇头结点交换处理后的拓扑信息。层次结构是一种典型的分簇方式。采用分簇路由主要有两个目的：一是通过减少参与路由计算的结点数目，减小路由表规模，降低交换路由信息所需的通信开销和维护路由表所需的内存开销，这与有线网络中层次思想的目标是一致的；二是基于某种簇形成策略，选举产生一个较为稳定的子网络，减少拓扑结构变化对路由协议带来的影响。分簇路由的优点是适合大规模的自组织环境，可扩展性较好；缺点是簇头结点的可靠性和稳定性对全网性能影响较大，并且为支持结点在不同簇之间漫游所进行的移动管理将产生一定的开销。

已提出的自组织网络路由协议大多是基于平面路由思想，主要原因是自组织网络目前主要以一种末端网络形式存在，应用规模较小，使用簇思想的作用不明显。这在一定程度上抑制了簇思想在自组织网中的研究。

2.1.2 按路由发现策略分类

按路由发现的策略划分，无线 Ad hoc 单播路由协议可分为三类：主动路由协议 (global/proactive routing protocol)、被动路由协议 (on-demand/reactive routing protocol) 和混合路由协议 (hybrid routing protocol)。

如表 2.1 所示，给出主动路由协议与被动路由协议的对比。

表 2.1 主动路由协议与被动路由协议的对比

项目	主动路由协议	被动路由协议
所需维持的路由	网络中每一个结点要持续地维持全网所有其他结点的路由	仅需维持所需目的结点的路由和维护处于 active 状态的链路
路由发现策略	所有的路由在一开始就确定下来，各结点通过周期性地交换路由信息来维持所有的路由信息	只有在源结点需要发送分组到某一目的结点，且本地没有到该目的结点的路由的情况下，才触发路由发现操作
路由获取的性能	时延很小 (适合实时通信业务)	时延比较大，且在路由建立之前不能预知该链路的质量
开销	路由协议开销正比于网络规模和拓扑变化程度，与网络连接数无关	开销正比于网络连接数 (网络中处于 active 状态的源结点和目的结点对的数目)
扩展性	在大、中规模的无线 Ad hoc 中扩展性不佳	相比较主动式策略，有良好的扩展性好
应用场景	适用于网络规模较小，结点移动性不强的情形	在用户不是很密集、负荷中等、移动性一般的大型网络中表现出色

主动路由协议是通过修改有线网络的路由协议以适应自组织网环境而得来的，

其路由发现策略类似于传统有线网络中的路由协议。所有的路由在一开始就确定下来，各结点通过周期性的广播路由信息分组和交换路由信息来维持和更新路由。而且，结点必须维护去往全网所有结点的路由。

主动路由协议的优点是当结点需要发送数据分组时，只要去往目的结点的路由存在，所需的时延就很小；缺点是为了尽可能使得路由的更新能够即时反映当前拓扑结构的变化，主动路由需要花费较大的开销，这是由于路由开销正比于网络结点数和拓扑变化程度。

然而，动态变化的拓扑结构可能使得这些路由更新变成过时信息，路由协议始终处于不收敛状态。主动路由协议适用于网络规模较小，拓扑变化不是很强的情形。主动路由协议能随时为网络提供任意结点的最新路由信息，适用于实时业务和交互式业务。

被动路由协议的路由发现思想是仅在源结点有分组要发送且本地没有去往目的结点的路由时，才"按需"进行路由发现并建立所需路由。网络中的每个结点不需要维持去往其他所有结点的路由。拓扑结构和路由表内容是按需建立的，它可能仅仅是整个拓扑结构信息的一部分。被动路由协议通常由路由发现和维护两个过程组成。通过向网络中广播一个"路由请求"分组就可进行路由发现。

被动路由协议的优点是结点不需要建立和实时维护全网中所有结点的路由信息，进而可以减少周期性路由信息的广播，节省了一定的网络资源；缺点是发送数据分组时，如果没有去往目的结点的路由，数据分组需要等待因路由发现引起的延时。并且在用户密集且负荷较大时，泛洪开销很大，在呼叫建立之前，网络无法预知链路质量 (而这种预知性对多媒体业务很重要)。被动路由协议在低负荷、低移动性的大型网络中表现出色。

主动路由协议源自有线网络的路由协议所采用的思想，而被动路由协议是采用与主动路由协议完全不同的思想，它是专门针对无线 Ad hoc 网络的自身特性而设计的路由协议。因此，一般来讲主动式无线 Ad hoc 路由协议在无线 Ad hoc 网络中的应用面要比被动路由协议窄。表 2.1 对主动路由协议和被动路由协议特点进行了总结，为工程实际中无线 Ad hoc 单播路由协议的选择提供了依据。

混合路由协议综合主动和被动两种路由策略，在网络结构上采用平面或分层结构。例如，ZRP 就是混合使用主动路由和被动路由策略的协议，在一定的网络区域内采用主动路由策略，区域间则采用被动路由策略。

2.1.3 按路由信息存放方式分类

按路由信息的存放方式，无线 Ad hoc 网络被动路由协议被分为源路由 (source routing) 策略和逐跳路由 (hop-by-hop) 策略。在源路由策略中，每个数据分组携带完整的从源结点到目的结点所经中间结点的地址信息，中间结点不再需要像逐跳路由那样要为每个活跃路径 (active route) 维护实时的路由信息，它们仅需要依据数据分组头中携带的信息对分组进行转发。源路由的主要缺点是扩展性不好。首先，随着每条路径的中间结点数越多，该路径发生故障的概率就越大。然后，随着路由中间结点数量越多，每个数据分组的开销就越大。因此在多跳、高移动性的大规模无线 Ad hoc 网络中，源路由的可扩展性很差。逐跳路由策略中，数据分组中仅携带目的地址，中间结点收到数据分组时，依据目的地址，查询路由表得到下一结点地址，然后将数据分组转发到相应的链路上。数据分组就是这样一跳一跳地向目的结点转发的。该协议的优点是能适应无线 Ad hoc 网络动态变化的环境，每个结点在收到最新的拓扑信息时便会更新本地路由表，从而能保证将到达的数据分组转发到更新更好的路径上去。该路由策略的不足是每个中间结点都要实时维护一定的路由信息，且每个结点都要通过周期性的信标维持邻结点之间的连通性。

2.1.4 按是否依赖 GPS 分类

按是否有 GPS 辅助进行划分，无线 Ad hoc 单播路由协议可分为基于网络拓扑的路由协议和基于位置的路由协议 (王金龙等，2004)。基于网络拓扑的路由协议是利用链路信息进行路由的建立和分组转发 (本书中研究的典型无线 Ad hoc 单播路由协议均属于基于网络拓扑的路由协议)；基于位置的路由协议是利用结点的物理位置 (通过 GPS 或其他定位服务获取) 进行分组转发。

基于 GPS 辅助的路由协议是在建立路由时利用预测结点当前位置，使控制信息朝着目的结点方向寻找路由，限制了路由请求过程中被影响的结点数目，提高了效率。基于 GPS 辅助的路由协议的优点是利用 GPS 提供的结点位置信息可以减小路由信息的泛洪范围，从而在一定程度上减小了开销；缺点是对于 GPS 的依赖性限制了应用范围，且交换结点间的位置信息也有一定的开销。这类协议典型的有位置辅助路由 (location aided routing，LAR) 协议、距离效应移动路由 (distance routing effect algorithm for mobility，DREAM) 协议等。

2.2　几种典型的无线 Ad hoc 路由协议

无线 Ad hoc 路由协议多达几十种，但仅有部分协议得到国际互联网工程任务组 (Internet Engineering Task Force, IETF) 无线 Ad hoc 工作组的认可，下面是对三种被 IETF 认可的无线 Ad hoc 路由协议进行深入研究和仿真分析 (赵瑞琴等，2007a)。

2.2.1　动态源路由协议

动态源路由 (dynamic source routing, DSR) 协议 (Hu et al., 2007) 是一种采用源路由策略的被动无线 Ad hoc 路由协议。采用源路由策略是指 DSR 协议通过分组头来携带路由信息，收到数据分组的中间结点按分组携带的信息对该分组进行转发，中间结点不需为当前路由维持实时的路由信息。

在 DSR 协议中，当且仅当源结点有数据发往一个目的结点且本地没有到达该目的结点的路由信息时，DSR 协议才进行路由发现，去寻找到目的结点的路由。之后通过路由维护操作实现对当前路由的维护。在被动路由协议中，路由发现是按需进行的，路由维护也是按需进行的，网络仅对当前路由进行维护，对其他路由则不闻不问。这也是被动路由协议区别于主动路由协议的最大特点 (Zhao et al., 2012b)。

1. 路由发现

一个结点触发路由发现时，向其所有邻结点广播路由请求 (route request, RREQ) 分组，该分组描述所要到的目的结点的信息。当某结点找到去往目的结点的路由信息时，它就向源结点发送一个路由回复 (route reply, RREP) 分组。当源触发结点收到 RREP 分组时，便得到了所需的路由，本次路由发现即成功结束。

RREQ 分组中含有目的结点地址、源触发结点地址、路由记录 (记录该 RREQ 分组目前所经过的路径，用结点序列来表示)、RREQ ID(由源触发结点设置的用于唯一标识该 RREQ 分组的值)。

当任何一个结点收到一个 RREQ 分组时，具体操作按以下步骤进行：

(1) 若该分组的源触发结点地址、RREQ ID 域的值与该结点不久前收到的 RREQ 分组的相应域的值都相同，则将该 RREQ 分组丢弃；

(2) 否则，检查该结点的地址是否出现在 RREQ 分组的路由记录中。若是，丢弃该分组；

(3) 否则,检查该结点的地址是否与 RREQ 分组的目的结点地址相同。若相同,则表示已经找到了一条源到目的结点的路由,这时 RREQ 分组的路由记录中已经记录了从源到目的的路径所经过的所有结点地址。将该路由记录写入 RREP 分组的相应域中,并将 RREP 分组发回源触发结点;

(4) 否则,检查本地结点是否有到目的结点的路由。若有,按一定规则生成 RREP 分组,并将其发回源结点;

(5) 否则,将分组中的路由记录信息在本地结点留一个备份,然后将该结点地址写入 RREQ 分组的路由记录中,最后将修改后的 RREQ 分组再次广播给自己的邻结点。

DSR 协议的路由发现过程如图 2.1 所示。图 2.1 中,S 是源结点,D 是目的结点。S 首先向其所有邻结点 A、B、C 广播发送 RREQ 分组,这些结点收到 RREQ 分组后,按上述操作对 RREQ 分组进行处理后继续将其进行广播,直到找到去往目的结点 D 的路由。

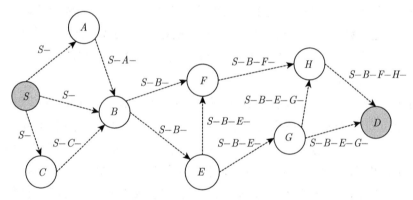

图 2.1　DSR 协议的路由发现过程

当找到去往目的结点的路由向源触发结点发送 RREP 分组时,要用逆向链路传送。这需要结点间的双向链路实时存在,而这种需求有时是无法满足的,为此 DSR 协议采用将 RREP 分组搭载到以源触发结点为目的结点的路由发现的 RREQ 分组上进行传输。

2. 路由维护

当且仅当某一条路径在使用时,DSR 协议才会对其进行路由维护。路由维护要求网络监视该路径,这种监视通过链路层的确认字符 (acknowledge character, ACK) 实现,一旦有问题就通知源端结点。当数据链路层报告了一个无法修复的错误时,本地结点向源端发送路由错误 (route error, RERR) 分组。RERR 分组包含发生故障的那一跳两端结点的地址信息，这样当源端收到 RERR 分组时，那一跳就从路由快存中删除，且所有含那一跳的路由都得删掉该跳，以维持路由快存信息的正确性和实效性。

DSR 协议采用被动按需的路由发现和路由维护，减小了控制分组的开销；该协议的路由快存技术支持到目的结点的备份路径；DSR 协议还有支持单向信道的优点。但是基于源路由的设计使得 DSR 协议在大规模的无线 Ad hoc 网络中无法适用，并且还存在过时路由信息在网络中污染传播的问题。

2.2.2　Ad hoc 按需距离矢量路由协议

Ad hoc 按需距离矢量路由 (Ad hoc on-demand distance vector routing, AODV) 协议 (Samir et al., 2003) 是一种被动按需式、采用逐跳路由策略、基于 DVA 的无线 Ad hoc 路由协议。它的显著特点是为每一个路由表表项维持一个目的序列号，该序列号由目的结点产生并被包含在目的结点发往源触发结点的任何路由信息中，这样可以防止产生环路由。面对两条到达目的结点的路由，源触发结点会选择目的序列号大的那一条路径。与 DSR 协议类似，AODV 协议定义了 RREQ、RREP、RERR 三种路由控制分组。

当要找一条到目的结点的路由时，源触发结点广播一个 RREQ 分组。当该 RREQ 分组到达目的结点或到达一个具有到达目的结点的路由的中间结点时，此路由被确定下来，并通过向源触发结点单播一个 RREP 分组，使这段路由被源触发结点获悉并确定下来。一段足够新的路由对应于路由表中的一个具有大的目的序列号值的有效表项。中间结点收到 RREQ 分组时，要保存一条到源端的路由，以便使经过此处的 RREP 分组能返回源触发结点。

1. 路由发现

源触发结点首先发起路由请求过程，向邻结点广播 RREQ 分组，该分组中含源触发结点地址、源序列号、目的结点地址、目的序列号、RREQ ID、跳数计数器。与 DSR 协议类似，AODV 协议靠源触发结点地址和 RREQ ID 来对一个 RREQ 分组进行唯一的标识。中间结点收到 RREQ 分组时，按下面步骤进行处理：

(1) 中间结点收到 RREQ 分组时，形成到达源触发结点的反向路由 (用于转发 RREP 分组至源触发结点)；

(2) 然后检查本地是否已经收到过同样的 RREQ 分组，若是，则丢弃该分组；

(3) 否则, 检查本地是否有到目的结点的路由。若是, 按一定规则生成 RREP 分组, 并将其发回源结点;

(4) 否则, 记录相关信息, 并将跳数计数器加 1, 然后向邻结点转发该 RREQ 分组。

2. 路由维护

当路由发现完成以后, 也就是源和目的结点之间已经确定了数据传输时所用的链路序列之后, 该段路由上的任何一个结点都要对其在当前所用路由的下一跳链路状态进行监视。当在该路由上有链路断开时, RERR 分组就发往其他结点告知该链路的失效, 这意味着通过该链路到达的目的结点现在已不可达。为此每个结点处都有一个前体结点列表 (precursor list), 该列表由这个结点的一些邻结点组成, 而这些邻结点以该结点为到达一些目的结点的下一跳结点。因此, 当该结点将 RERR 分组发送到其前体结点时, 就可以将该故障信息通知到所有受影响的结点, 进而可以有效地使网络各结点的路由表得到更新。这也是每个结点维持前体结点列表的目的。

AODV 协议结合了 DSR 协议和 DSDV 协议的特点。一方面, 它采用 DSDV 协议周期性的信标 (beaconing) 和序列号来维持无环路由, 并表征路由信息的新旧程度; 另一方面, 与主动进行路由发现的 DSDV 协议不同, AODV 协议借鉴了 DSR 协议的被动按需路由发现方法以减小开销。然而, AODV 协议与 DSR 协议是有区别的, 最显著的一个区别是 DSR 协议的数据分组携带完整的路由信息, 而 AODV 协议的数据分组仅携带目的地址; 另一个区别是 DSR 协议的 RREP 分组中含有所确定路径上的所有结点的地址信息, 而 AODV 协议的 RREP 分组仅带回了目的结点地址和序列号值。AODV 协议的优点是适用于高度动态变化的网络。但由于 AODV 协议不支持为一对源和目的结点之间建立多条路径, 当前所用路由断开时无法像 DSR 协议那样可以使用备份路由快速建链。因此, 链路断开会引发另一次路由发现, 这将会引入额外时延和消耗更多的带宽资源。

2.2.3 优化链路状态路由协议

优化链路状态路由 (optimized link state routing, OLSR)(Thomas et al., 2003) 协议是一个专门为无线 Ad hoc 网络环境设计的基于 LS 策略的主动式表驱动路由协议。该协议继承了 LS 链路状态算法的优点, 每个结点都可以获取全网拓扑信息, 能够在需要建立路由时快速地提供所需路由信息。它是专门针对无线 Ad hoc 网络的特点, 通过对传统 LS 链路状态算法的改进而得来的。

OLSR 协议中, 结点之间需要周期性地交换各种控制信息, 通过分布式计算来更新和建立自己的网络拓扑图。每个结点从自己的一跳邻结点中选取部分结点作为该结点的多点中继 (multipoint relay, MPR) 结点完成信息转发。OLSR 协议中, 仅有被选为 MPR 结点的结点才能对控制信息进行转发, 将控制信息散播到全网各个结点。并且也只有被选为 MPR 结点的结点才能作为路由选择结点, 其他结点则不参与路由计算。采用选择 MPR 结点的算法是 OLSR 协议区别于其他无线 Ad hoc 网络路由协议的最大特点。

OLSR 协议设计和采用选择 MPR 结点算法的目的, 是为了减小传统主动式链路状态算法中因建立和维护路由信息而导致的大量的控制信息开销。传统的链路状态算法中进行拓扑信息更新时, 采用泛洪的方式将拓扑信息广播至全网每一个结点。也就是说, 每个收到拓扑更新信息的结点都要将该信息转发给自己所有的邻结点, 而所有的邻结点又会以同样的方式将更新信息转发给其所有的邻结点, 换句话说, 在拓扑信息转发时, 所有邻居结点都要进行转发。而在 OLSR 协议中, 结点在对拓扑信息转发时, 仅选择部分邻结点来转发拓扑信息分组, 这些被选中的邻结点就是该结点的 MPR 结点。选择 MPR 结点的原则是, 拓扑信息分组经本结点的所有 MPR 结点转发后, 能到达该结点的所有两跳范围内的所有结点, 如图 2.2 所示。通过 MPR 结点机制来控制拓扑信息分组在网络中广播的规模, 减小控制分组给网络带来的负荷, 同时避免形成广播风暴。

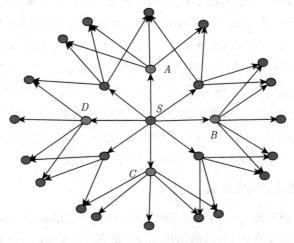

●: 结点 S 的 MPR 结点

图 2.2　MPR 结点的选择

OLSR 协议中为了实时建立和维护网络路由信息, 主要采用 hello 分组和拓扑

信息控制 (topology control) 分组两种控制分组。其中 hello 分组主要用于建立和维持一个结点的邻居列表，每个结点通过在一跳范围内周期性的广播 hello 分组来侦听邻结点的状态和无线链路的对称性。另外，hello 分组还用于计算本地结点的 MPR 结点，这是由于 MPR 结点是从本地结点的一跳邻结点中选取出来的。拓扑信息控制分组是在全网中广播的，这是为了将最新的拓扑变化信息快速地通知到全网每一个结点处。总地来讲，hello 分组只能在一跳范围内广播，而拓扑信息控制分组却可以广播到全网各个结点。拓扑信息控制分组的转发只能由 MPR 结点来完成，其他非 MPR 结点即使收到要广播的拓扑信息控制分组也只能对其进行相应处理但不转发。

这样每一个结点将通过周期性的一跳范围内广播 hello 分组获得的邻结点信息，与通过网络中所有检测到拓扑发生变化的结点发送拓扑信息控制分组和其 MPR 结点对该拓扑信息分组的转发而获得的最新拓扑变化信息，一并存入该结点的路由表。

OLSR 协议在每个结点处持续地维护全网所有结点的路由信息，该协议对那些有一部分结点跟另一部分结点之间通信量大、源结点与目的结点对应关系频繁变化的情形非常有利。由于 MPR 结点策略在大型、结点密集的网络环境中有绝对优势，OLSR 协议适用于大型、结点密集的网络 (Prasant et al., 2005)。并且，网络规模越大，结点越密集，OLSR 协议相比传统的链路状态算法的优势就越明显。

2.3 路由协议的仿真比较与分析

2.3.1 三种典型路由协议的特点

DSR 协议中，当且仅当源结点有数据发往一个目的结点且本地没有到达该目的结点的路由信息时，DSR 协议才进行路由发现，去寻找到目的结点的路由。之后通过路由维护操作实现对当前路由的维护。AODV 协议是一种被动按需式、采用逐跳路由策略、基于 DVA 的无线 Ad hoc 路由协议。它的显著特点是为每一个路由表表项维持一个目的序列号，该序列号由目的结点产生并被包含在目的结点发往源触发结点的任何路由信息中，这样可以防止产生环路由。OLSR 协议是一个专门为无线 Ad hoc 网络环境设计的基于 LS 策略的主动式表驱动路由协议。该协议继承了 LS 链路状态算法的优点，每个结点都可以获取全网拓扑信息，能够在需要建立路由时快速地提供所需路由信息。它是专门针对无线 Ad hoc 网络的特点，对传统 LS 链路状态算法的改进而得来的。三种典型路由协议的定性比较如表 2.2 所示。

表 2.2　三种典型路由协议对比

无线协议	路由选择	路由发现策略	路由备份	路由结构	hello消息	优点	缺点
DSR	最短路径；路由快存中可用路由	被动	有	平面	无	支持多路径	时延大；源路由和泛洪造成扩展性不好
AODV	最新最短路径	被动	无	平面	有	对拓扑高度变化的强适应性	扩展性问题；时延大
OLSR	最短路径	主动	无	平面	有	减小了控制开销和结点间的竞争	需要知道两跳的邻结点信息

2.3.2　三种路由协议仿真对比和分析

基于 NS-2(network simulator-2)(徐雷鸣等，2003) 仿真平台，对 DSR 协议、AODV 协议、OLSR 协议三种典型的无线 Ad hoc 路由协议进行了性能仿真。分别对这三种协议的分组传送率、端到端时延及路径长度这三个性能指标进行了仿真分析。

1. NS-2 仿真平台

NS-2 是一个开放式的仿真工具，其核心部分是一个离散事件模拟引擎。NS-2 有大量而又丰富的构件库，对各种网络模拟需要的实体进行了大量的建模。NS-2 对网络系统中的一些通用实体已经进行了建模，如链路、队列、分组、结点等，并用对象实现了这些实体的特性和功能，这就是 NS-2 构件库。对于一般的网络仿真，用户可以充分利用 NS-2 现有的构件库组合出所要研究的网络系统模型，然后进行模拟。然而 NS-2 并不包含任何网络模拟所要的构件，在需要一些 NS-2 本身没有的构件模型时，用户需要自己编写所要的模型。

NS-2 构件模型采用分裂对象模型的思想，所有构件的模型均是用 C++ 和 Otcl 两种面向对象的语言编写的。NS-2 中的构件通常作为一个 C++ 类来实现，同时有一个 Otcl 类与之对应。编写一个新的 NS-2 构件模型时，首先要用 C++ 实现其功能的模拟，然后编写对应的 Otcl 脚本对这些对象进行配置、组合，描述模拟过程，最后调用 NS-2 完成模拟。

2. 无线 Ad hoc 路由协议性能指标定义

分组传送率：成功被接收的分组数与发送出去的分组总数之比。

端到端时延：从应用层将分组发送出去到该分组正确到达接收端应用层所经历时间的平均值。

路径长度：分组在发送过程中从源结点到目的结点所经历的跳数的平均值。

3. 仿真系统参数设定

应用层采用恒定比特率 (constant bit rate, CBR) 业务流作为业务源；运输层采用面向无连接的用户数据报协议 (user datagram protocol, UDP) 来承载 CBR 业务流；网络层采用 IP 协议，路由协议是 DSR 协议、AODV 协议与 OLSR 协议；MAC 层采用 IEEE 802.11 的 DCF 协议，将基本速率设为 2Mb/s，一跳距离为 250m。

1) 仿真场景

仿真中网络是由 50 个移动结点组成的无线 Ad hoc 网络，网络结点散布在 670m× 670m 的区域，这 50 个结点在该区域内随机地移动，但不会超出该区域范围。每个结点在该区域中的初始位置是随机设定的。这样的仿真场景设计是为了最大限度地接近实际无线 Ad hoc 网络的应用场景。

2) 结点移动模型

各个仿真场景中，所有结点都是随机移动的，移动中停留时间 (pause time) 分别被取为 0s、60s、120s、240s，其中停留时间越小，表明结点移动性越强，从而网络拓扑动态变化也就越为剧烈。每个结点的最大移动速度为 20m/s。

3) 业务特性

所有结点的业务源均为 CBR 业务流。该 CBR 业务流的分组长度固定为 512 字节，CBR 业务流的产生速率可分别取为 2packet/s、4packet/s、6packet/s 和 8packet/s。网络中连接数为 20 个和 30 个，每个连接数的源结点和目的结点是随机选取的，每个连接的持续时间为 30s。每次仿真持续时间为 500s。

4) 结点模型与参数设置

结点模型与参数设置如图 2.3 与表 2.3 所示。

4. 仿真结果与分析

本章的所有网络仿真均是在 NS-2.29 的环境下进行的。为了对 DSR 协议、AODV 协议和 OLSR 协议性能进行对比，设计了大量的仿真场景比较这三种协议在不同业务负荷、不同结点移动性条件下各自的性能。

1) 分组传送率

如图 2.4 所示，可以看出，DSR 协议在移动性较强、负荷较低时，性能跟 AODV 协议相当，但当网络业务量增加时，DSR 协议的分组传送率就迅速减小，这时 AODV 协议的分组传送率也有所减小，但与 DSR 协议相比，其受负荷增加的影响要小得多。

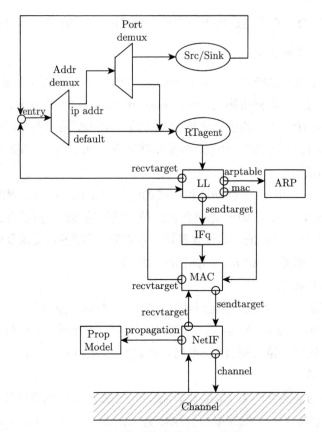

图 2.3   移动结点的 NS-2 模型

表 2.3   结点参数设置

参数	数值
-channelType	Channel/WirelessChannel
-phyType	Phy/WirelessPhy
-propType	Propagation/TwoRayGround
-IncomingErrProc	UniformErrorProc
-antType	Antenna/OmniAntenna
-macType	Mac/802_11
-ifqType	Queue/DropTail/PriQueue
-llType	LL
-ifqLen	50
-adhocRouting	DSR/AODV/OLSR

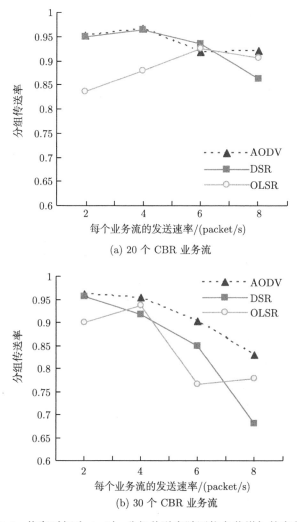

(a) 20 个 CBR 业务流

(b) 30 个 CBR 业务流

图 2.4 停留时间为 0s 时，分组传送率随网络负载增加的变化图

如图 2.5(a) 所示，在负荷较大但移动性又较小的环境中，DSR 协议的分组传送率高于 AODV 协议；如图 2.5(b) 所示的网络负载是图 2.5(a) 的 1.5 倍，从图中可以看出，即使在移动性较小的环境中，当网络负荷很大时，DSR 协议的分组传送率要也比 AODV 协议低 20% 左右。

如图 2.4 所示，在移动性强的环境中，OLSR 协议性能一般。如图 2.5 所示，在移动性适中时，OLSR 协议的分组传送率在业务量不是很大时与被动路由协议 AODV 协议和 DSR 协议的性能接近，但当业务量大的时候要比这两个被动路由协议的分组传送率大。OLSR 协议的分组传送率在业务负载很重，但移动性适中的环

境中是这三种协议中最高的。这是由 OLSR 协议的主动式发现策略所决定的, 其
采用 MRP 结点的机制使得 OLSR 协议在结点密集、负载重的环境中表现出众。

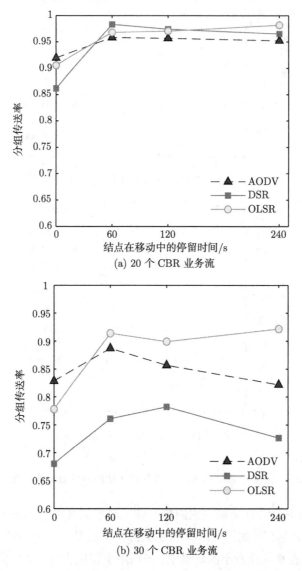

(a) 20 个 CBR 业务流

(b) 30 个 CBR 业务流

图 2.5   每个业务流的发送速率为 8 packet/s 时, 分组传送率随结点移动性变化的关系图

2) 端到端时延

如图 2.6 和图 2.7 所示, 容易看出, 在各种环境下, OLSR 协议与 AODV 协议端
到端时延都是最小的。还可以看出, OLSR 协议与 AODV 协议的端到端时延是比较

稳定的, 它不随网络负载和结点移动性的变化而波动, 两者的端到端时延值不仅很小而且很接近。虽然主动路由协议发现时延要比被动路由协议小, 但是从端到端时延来看, 主动路由协议并不一定比被动路由协议的性能好多少。另外, 从这两组图还可以看出, 同样是被动路由协议的 DSR 协议随结点移动性和网络负载的增加, 端到端时延急剧增加。这种变化趋势类似于图 2.4 和图 2.5 中 DSR 协议随网络负载和结点移动性的增加, 其分组传送率快速减小。再次说明了 DSR 协议对网络负载与结点移动性的敏感。而且如图 2.7(a) 所示, 即使在移动性小的场景下, DSR 协议的端到端时延也要比 AODV 协议和 OLSR 协议大很多。DSR 协议仅在网络负载较小的

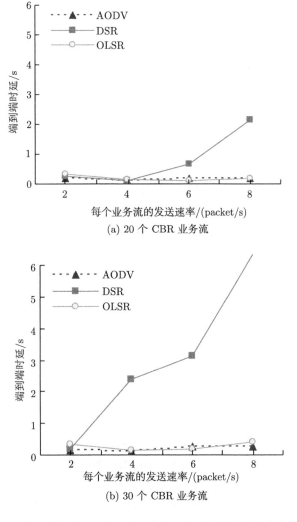

图 2.6　停留时间为 0s 时, 端到端时延随网络负载增加的变化图

情况下，端到端时延与 AODV 协议比较接近。从端到端时延这个性能指标来看，本章研究的这三种典型无线 Ad hoc 路由协议中，DSR 协议的性能最差，而同样是被动路由协议的 AODV 协议的端到端时延性能就比较令人满意，它不随网络负载和移动性的增加而波动，并且与主动路由协议 OLSR 协议的端到端时延性能接近，在一些场景下甚至会优于 OLSR 协议。

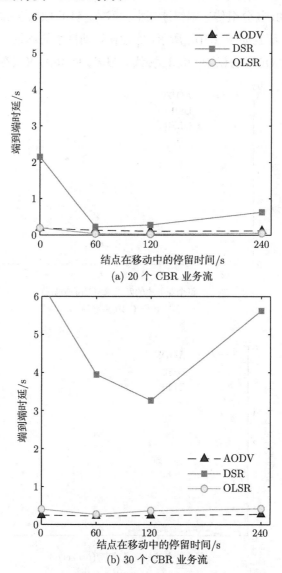

图 2.7   每个业务流的发送速率为 8packet/s 时，端到端时延随结点移动性变化的关系图

3) 路径长度

虽然 DSR 协议、AODV 协议和 OLSR 协议这三种无线 Ad hoc 路由协议均是采用最短路径作为其路由选择标准,但如图 2.8 和图 2.9 所示,仿真数据中可以看出,在同样的场景和参数设置下,它们各自所选的路径长度是不尽相同的,三种路由协议所选用的路由平均跳数的最大差值为 0.5 跳。容易看出,OLSR 协议所选的路径长度总是最短的,这是因为在选择路由时,OLSR 协议采用的路由算法是依据本地获取的拓扑信息用最短路径算法计算出的到达目的结点的路径,所以用 OLSR 协议选择的路由是最短路由。而 AODV 协议在路由选择时,选择最先到达目的的RREQ 分组所经过的路径,这样选择的路径并不一定是跳数最小的路径。又由于

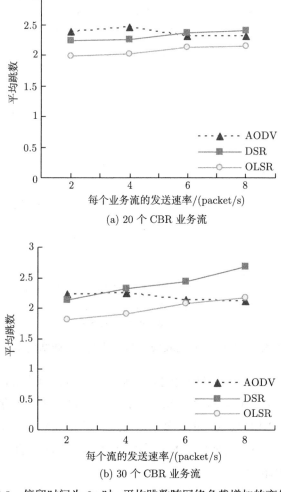

(a) 20 个 CBR 业务流

(b) 30 个 CBR 业务流

图 2.8 停留时间为 0s 时,平均跳数随网络负载增加的变化图

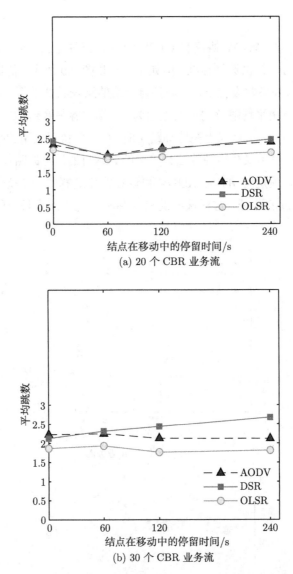

图 2.9　每个业务流的发送速率为 8packet/s 时, 平均跳数随结点移动性变化的关系图

RREQ 分组在泛洪的过程中可能会遇到控制分组排队, 因此这种选择方法并不是真正意义上的最短路径选择策略。DSR 协议选择其路由快存中存储的路由中的最短路由, 但是由于 DSR 协议的路由快存存在过时路由信息在网络中污染传播的问题, 最终选择的路径不一定是真正的最短路径。因此, 在同样的参数设置下, OLSR 协议所选的路由是最短的。

综合上述三个指标的分析可以得出, 首先 DSR 协议在高负荷、移动性强时, 性能很差, 链路断开和丢包的概率很大, 这将使得已建好的路径断开的概率很大。当活跃网络断开时, DSR 协议要在其快存中已存的路径中选择一条作为新的活跃网络, 只有当快存中的路径都不可达时, DSR 协议才会重新进行路由发现。表面上看在移动性强时, DSR 协议的性能要优于没有备份路由的 AODV 协议, 但是这是忽略了链路断开和大丢包概率的影响。链路断开的概率很大会导致 DSR 协议的路由快存中的路由信息很快就成为过时的信息; 而丢包率高会导致大量 DSR 协议控制分组的丢失, 也会加快路由快存内信息过时。这将使得在高负荷、高移动性的场景下, DSR 协议的"快速路由恢复"机制变成"慢速路由恢复"。因为在活跃网络断开时, DSR 协议将快存中的备份路由作为新的活跃网络进行数据传输, 但是已知的高负荷与高移动性已使得快存中的信息不可靠, 这时使用不可靠或过时的路径作为活跃网络只会增大时延并导致数据分组的丢失。等到快存中所有路径都试过之后, 发现目的均不可达时, DSR 协议才会触发新的路由发现去寻找正确的路径, 在此过程中使得端到端时延剧增。而在高负荷、高移动性这样的应用场景下, AODV 协议的性能比 DSR 协议要好得多, 一方面是因为当活跃网络断开时, AODV 协议因没有备份路由直接触发新的路由发现进行路由恢复, 端到端时延比 DSR 协议要小得多; 另一方面, AODV 协议有及时删除过时信息的有效机制, 并且在选择路由时能区分不同路由的新旧程度, 其路由选择标准是最短最新路由, 而不像 DSR 协议, 没有有效区分新旧路由信息的机制。因此, 在高负荷、高移动性的环境下, AODV 协议的性能要优于 DSR 协议。

其次, 在负载不是很重、移动性不是很强的坏境下, DSR 协议的性能接近于甚至优于 AODV 协议。因为这种情况下, DSR 协议的路由快存中的路由信息过时的概率较小, 能充分发挥 DSR 协议的路由快存技术的优势, 有效支持到目的结点的备份路径, 实现正确的快速路由恢复, 提高协议性能。而 AODV 协议由于不支持为一对源和目的结点之间建立多条路径, 当前所用路由断开时无法像 DSR 协议那样可以使用备份路由快速建链。所以链路断开会引发另一次路由发现, 这将会引入额外时延和消耗更多的带宽资源。

但总的来说, AODV 协议在各种不同场景中的性能是比较稳定的。尤其是它的端到端时延不随网络负载和结点移动性强度的增加而增加, 其端到端时延值很接近主动路由协议 OLSR 协议, 分组传送率的变化在这三种协议中也是比较稳定和令人比较满意的一个。总之, AODV 协议是一个能适应不同网络负载和不同移动性的性能稳定的无线 Ad hoc 被动路由协议。

最后, OLSR 协议的分组传送率在网络负载不是很大时与被动路由协议 AODV

协议和 DSR 协议的性能接近，但当网络负载大的时候要比这两个被动路由协议高。这是由于 OLSR 协议的 MPR 结点策略以及持续地维持全网所有结点的路由信息，使得其在大型、结点密集的网络环境中有绝对优势。而且在各种不同场景下，OLSR 协议的端到端时延都很小，选择的路由最短。该协议的不足就是在移动性强的场景，性能不如 AODV 协议。但是在高负载、结点密集、移动性适中的场景，OLSR 协议的性能不仅优于一般的主动路由协议，而且也优于 AODV 协议和 DSR 协议两种被动无线 Ad hoc 路由协议。也就是说，在移动性适中、结点密集、负载较重和网络连接数较多的情形下，不管是与主动协议还是被动协议相比较，OLSR 协议都是一个不错的选择。

由上面的分析得出 DSR 协议在高负荷、移动性强时性能很差，主要是由 DSR 快存中路由信息过时引起的。为此，可以通过加强对快存中路由信息的管理来保证快存中路由信息的可靠性。具体可以通过增加及时删除过时信息的有效机制，并且在选择路由时要区分不同路由信息的新旧程度，使 DSR 协议去选择最短最新的路由，而不是过时的会引起协议性能恶化的路由。

2.4　本 章 小 结

本章通过在不同网络负载、不同结点移动性和拓扑变化程度的场景下，对 DSR 协议、AODV 协议以及 OLSR 协议三种典型无线 Ad hoc 路由协议进行了深入分析和研究，得出了以下结论。

(1) 在高负荷、高移动性、网络拓扑剧烈变化的网络环境下，AODV 协议的性能是最好的。

(2) 在高负荷、结点移动性不是很强的应用环境下，OLSR 协议的性能是最好的。

(3) 在网络负荷中等、结点移动性比较小的场景下，DSR 协议是一个不错的选择。

(4) 在网络负载与结点移动性的变化范围比较宽的场景，也就是网络结点的移动性和网络负载不固定的环境中，AODV 协议是最优的选择。由于 AODV 协议的性能受网络负载和结点移动性的影响相比其他两个协议要小得多，AODV 协议是这三种协议中性能最稳定的。

(5) 在对端到端时延要求比较严格的环境下，OLSR 协议与 AODV 协议均是不错的选择。可依据具体网络环境结合上述其他结论来选择具体的协议。

(6) 在各种网络环境下, 用 OLSR 协议选择的路由最短。

(7) 在高负荷、高移动性环境下, DSR 协议性能是最差的。其路由快存使得 DSR 协议在高负荷、高移动性、网络拓扑剧烈变化的网络环境下, 分组发送率快速减小, 端到端时延急剧增加, 性能恶化。快存中的路由信息快速过时, 导致 DSR 协议的 "快速路由恢复" 机制变成 "慢速路由恢复", 最终使其性能恶化。因此, DSR 协议可以通过加强对快存中路由信息的管理来保证快存中路由信息的可靠性, 增加有效区分路由快存中路由信息新旧程度的机制和及时删除过时路由信息, 这样才能充分发挥其路由快存的优势, 进而改善 DSR 协议在高负荷、高移动性环境下的性能。

第3章 延长网络寿命的无线多跳网络广播路由机制

在无线多跳网络中，网络中的所有结点以自组织的方式分布式地进行组网，并采用自适应的路由协议完成任意结点之间的有效通信。在此过程中，网络不需要任何诸如蜂窝网中的基站、WLAN 中的接入点等固定基础设施的支持。在这种分布式无线多跳移动自组织网中，广播是一种必要而又频繁的行为。为了延长网络寿命，解决无线多跳网中泛洪广播机制可能带来的广播风暴问题，提出了一种新的广播机制 —— 延长网络寿命的分布式广播 (MLDB) 策略。该策略基于延时转播机制来选择转播结点，选取尽可能少的邻结点为转播结点，来减小广播分组在网络中的重复。为了做出更好的选择，在确定转播时延的数值时，综合考虑结点转播带来的新增覆盖面积、未收到广播分组的邻结点数以及结点剩余电量三个因素，其中前两个因素与结点的转播效率有关，第三个因素涉及结点的能量消耗。这种综合设计使得该策略能够在减小转播冗余，提高广播效率的同时延长网络寿命。与前人提出的相关算法相比，MLDB 算法能够在维持高的广播覆盖率的同时大大减少转播冗余，具有较小的端到端时延，并能够有效延长网络寿命 (赵瑞琴等，2008)。

3.1 广播风暴问题及其解决方法

在无线 Ad hoc 网络、无线传感器网络以及无线 Mesh 网络等无线多跳网络中，全网范围内的广播是一种必要而又频繁的行为 (赵瑞琴等，2014)。因此设计适用于无线多跳网络的广播算法就成为一个研究热点。目前路由协议中采用的是简单泛洪 (simple flooding, SF) 广播机制 (Williams et al., 2002; Chiang et al., 1997)，简称泛洪。泛洪算法是以一个源结点向其所有的邻居广播一个数据包开始的。而邻居结点轮流、连续地将这个数据包转播，直到网络中所有的结点都收到这个数据包结束。提出泛洪的目的是为了实现可靠的广播和在快速动态变化的网络中进行多结点间的数据传输。IETF 计划利用泛洪在低密度的无线 Ad hoc 网络中进行广播。对于一个广播分组，泛洪广播机制保证网络中所有结点仅对该分组转播一次，这种机制不仅简单易实现，而且能保证广播的覆盖率。然而，由于网络中的所有结点均参与对广播分组的转播，泛洪会给无线多跳网络带来严重的广播风暴 (Pires et al., 2019; Zeng et al., 2018; Williams et al., 2002)，集中表现为过大的转播冗余，严重的资源竞争和冲突。考虑到一些无线多跳网络能耗和带宽受限的情况，减小广播算法的开销和减小冗余转播是很重要的。尤其是在网络规模较大，结点比较密集的环境下，广播风暴问题将更为严重。

针对上述泛洪广播机制中存在的问题，人们提出了各种改进方案。按照在广播中是否考虑节能的问题，现已提出的广播算法可分为两类：节能的广播算法和不考虑能耗的广播算法。其中不考虑能耗的广播算法仅考虑广播本身，以减小转播冗余，尽量避免广播风暴为目的对泛洪机制提出了各种改进，如 Sheng 等 (2005) 和 Pagani 等 (1999) 提出的广播算法。然而这种不考虑能耗的广播算法不宜直接应用于结点能耗受限的无线多跳网络中，而节能的广播算法却能解决这个问题。现已提出的节能的广播算法大都是中心式控制的 (Hong et al., 2006; Li et al., 2004; Cagalj et al., 2002; Liang, 2002; Egecioglu et al., 2001; Wan et al., 2001; Wieselthier et al., 2001; Wieselthier et al., 2000)，需要在每个结点处获取网络拓扑信息。Hong 等 (2006) 利用无线网络中的协作优势实现节能的广播算法。Wieselthier 等通过在每个结点处维持全网拓扑信息，来计算一个最小能耗广播树，以此达到减小广播中消耗能量的目的 (Li et al., 2004; Cagalj et al., 2002; Liang, 2002; Egecioglu et al., 2001; Wan et al., 2001; Wieselthier et al., 2001, 2000)。这些广播算法一般依赖地理位置信息或拓扑信息来计算最小能耗广播树，之后广播分组沿着该树被传送到网络中所有其他结点。这种要在每个结点获取全网拓扑的中心控制算法，会给无线多跳网络带来严重的开销，为此人们提出了分布式的广播算法。Agarwal 等 (2005, 2004) 利用物理层的有用信息来减小计算最小能耗广播树的开销。Song 等 (2006) 以分布式的方式在每个结点维持全网拓扑信息，来实现节能的广播。Ingelrest 等 (2005) 提出的节能广播算法要求在每个结点处维持两跳 (2-hop) 以内的所有结点的位置信息。上述两种算法能在一定程度上减小前述中心式算法的开销。Durresi 等 (2005) 提出了一种分布式的节能广播算法 —— 传感器网络广播协议 (broadcast protocol for sensor networks, BPS) 算法，为了尽量减小转播冗余，BPS 算法尽量增加一跳距离，这样一次转播就可以覆盖更多的结点。该算法利用结点的位置信息完成高效的广播，在确定结点的转播效率时仅考虑了新增覆盖面积的因素，该算法适用于结点密度均匀的网络中，对于网络中各处结点密度不一致的情形，其转播效率的估计是不准确的。

按照所采用的广播机制，已提出的对简单泛洪的改进广播策略可以分为三大类：基于概率的策略、基于拓扑信息的策略以及基于区域的策略。

1. 基于概率的策略

(1) 概率转播机制。该机制与泛洪十分相似，区别在于结点只以预定的概率进行转播。在密度很大的网络中，多个结点拥有相同的覆盖范围。因此，这时让一些结点随机的转发分组，可以节省结点和网络的资源，且不会影响广播的覆盖率。然而在结点稀疏的网络中，重叠的覆盖范围面积较小，这时采用概率转播算法会导致网络中一些结点将不能接收到广播分组，除非概率参数非常高。当概率为 100% 时，概率转播算法就变成了泛洪。

(2) 基于计数器的机制 (counter-based scheme, CBS)。该机制利用结点接收到广播分组的次数和结点转播后能够增加的覆盖范围之间的关系，在第一次收到一个未知广播分组时，结点设置一个值为 1 的计数器并设置一个定时器，定时器值服从区间 $[0, T_m]$ 上的均匀分布。在定时器值超时之前，每收到一个相同的分组，计数器就加 1。当定时器值超时且计数器的值小于一定门限时，分组将被转播；否则，就丢弃。CBS 最重要的特征是简单和对网络固有的适应性。那就是，在高密度的网络中，有些结点将不转播；在稀疏的网络中，全部结点都将转播。典型的基于概率的广播策略，如 Ni 等 (1999) 和 Lin 等 (1999) 文献中给出的广播算法。

2. 基于拓扑信息的策略

基于拓扑信息的策略依赖全网拓扑信息或者邻结点信息来完成高效的广播。现已提出的很多广播算法 (Chang et al., 2007; Hong et al., 2006; Song et al., 2006; Agarwal et al., 2005; Ingelrest et al., 2005; Sheng et al., 2005; Agarwal et al., 2004; Li et al., 2004; 盛敏等,2004; Wu et al., 2004; Livadas et al., 2003; Cagalj et al., 2002; Liang,2002; Sun et al., 2002; Egecioglu et al., 2001; Peng et al., 2001a; Peng et al., 2001b; Wan et al., 2001; Wieselthier et al., 2001; Peng et al., 2000a; Peng et al., 2000b; Qayyum et al., 2000; Wieselthier et al., 2000; Pagani et al., 1999) 均是基于拓扑信息的策略。其中基于邻居信息的广播策略要求每个结点通过周期性的发送 hello 分组，获取 k 跳以内的所有邻结点的信息。每个结点发送的 hello 分组包含其邻居信息的列表。结点依据获得的 k 跳以内的所有邻结点的信息，选择尽量少的能够覆盖两跳范围内所有结点的邻结点进行转播。那些依靠计算最小广播树的广播机制是典型基于拓扑信息的广播策略。这种依赖全网拓扑信息或者邻结点信息来完成广播的策略，会给无线多跳网络带来严重的开销。

3. 基于区域的策略

假设一个结点接收到一个距离它很近的结点的数据包, 若接收结点将其转播, 其增加的覆盖区域将非常小。另一个极端, 如果接收结点在发送结点覆盖范围的边界上, 那么接收结点转播将会覆盖最大的额外区域, 准确来说应该是增加 61%。基于区域的广播策略可以分为两类: 基于距离的方案和基于位置的方案。

(1) 基于距离的方案。结点在进行广播之前会比较自己和邻居结点之间的距离。若接收到一个以前没有收到的分组, 结点将设置一个定时器值, 而接收到的相同的分组将被放在缓存器中。当定时器值超时, 结点计算其到所有转发结点的距离, 并得出其中的最小值, 看其是否小于门限值, 如果是, 那么结点将不进行转发; 否则, 对广播分组进行转发。

(2) 基于位置的方案。使用这一方案时, 结点转播将更准确地估算出覆盖范围。这种情况下, 就要求结点有能力获取自身的位置信息 (如通过 GPS)。无论结点是转播还是发送自己的分组, 都将把自己的位置信息加入分组头中。当结点接收到数据包, 结点将能通过包头信息知道发送者的位置并能计算出转播将覆盖的额外区域。如果这个区域小于门限值, 那么结点将不会转播。典型的基于区域的广播策略有 BPS 广播算法以及 Ni 等 (1999) 和 Durresi 等 (2007) 文献中给出的广播算法。

为此, 本章提出了一种有效的应用于无线 Ad hoc 网络的分布式节能广播算法 ——MLDB 算法。首先, MLDB 算法是纯分布式的, 完成一次广播的过程中, 每个结点仅依赖一跳 (1-hop) 范围内邻结点的信息来决定是否对该分组进行转播。其次, MLDB 算法是节能的广播算法, 以最大化减小广播所耗能量和延长网络寿命为目的, MLDB 算法在选择转播结点时将结点的剩余电量考虑进来, 选择那些电量充足且转播效率高的结点担当转播的角色, 进而延长网络寿命和减小转播冗余。MLDB 算法是结点密度自适应的广播策略, 在计算结点转播效率时, 将结点密度和结点转播带来的新增覆盖面积综合考虑, 克服了一些广播算法 (Durresi et al., 2007, 2005) 中存在的结点转播效率估算不准确的问题, 以最密集结点的一次转播将覆盖较多结点和最远邻结点具有最大覆盖范围为出发点, 选取尽可能少的邻结点为转播结点, 来减小广播分组在网络中的重复。MLDB 算法在选取转播结点时, 综合考虑了结点密度、新增覆盖面积和剩余电量三个因素, 在减轻广播风暴的同时延长了无线 Ad hoc 网络的寿命, 而分布式的设计又保证了 MLDB 算法具有较低的控制开销。

3.2　网络模型与若干定义

无线 Ad hoc 网络可以用图 $G(V,E)$ 表示, V 是网络中所有结点的集合, E 是所有链路的集合。假设每个结点天线辐射电波覆盖区域的半径是相等的, 所有链路都是双向的, 且 $G(V,E)$ 是全连通的。对于任意结点 $i(i \in V)$, 时间 t 从它第一次收到广播分组时开始计算。假设每个结点通过 GPS 或其他方式可获取其位置信息和一跳范围内邻结点的位置信息。每个结点可以获取其电池的剩余电量。以任意结点 i 为例, 用 M 代表广播分组, 作如下定义。

邻结点 nb(i): 可以直接与结点 i 通信的结点, 也就是其一跳邻结点;

邻结点集 NB(i): 所有一跳邻结点的集合;

转播时延 $D(i)$: 结点在收到广播分组 M 后至决定转播的延迟时间 (当 $D(i)$ 超时后, 再决定是否要进行转播);

未覆盖结点集 UC(i,t): t 时刻未被广播结点或其他转播结点覆盖的结点 i 的邻结点的集合;

度 $d(i,t)$: t 时刻结点 i 的未覆盖结点集中元素的个数;

上游转播结点 uf(i,t): 在 $t(0 \leqslant t \leqslant D(i))$ 时刻将 M 广播或者转播给 i 的邻结点;

上游转播结点集 UF(i,t): 在 $[0,t]$ 时间内结点 i 的所有上游转播结点的集合。设在 $[0,t]$ 时间内, 结点 i 从不同的上游转播结点收到 k 次 M, 则

$$\mathrm{UF}(i,t) = \{\mathrm{uf}(i,t_0), \mathrm{uf}(i,t_1), \mathrm{uf}(i,t_2), \cdots, \mathrm{uf}(i,t_{k-1})\}, (k \geqslant 1) \tag{3.1}$$

其中, $t_0, t_1, t_2, \cdots, t_{k-1}$ 分别记录结点 i 第 1 次、第 2 次、第 3 次一直到第 k 次收到 M 的时刻;

距离 $l(i,t)$: 结点 i 与上游转播结点 uf(i,t_{k-1}) 之间的距离 (设在 $[0,t]$ 时间内结点 i 从不同的上游转播结点收到 k 次 M, uf(i,t_{k-1}) 是在 $[0,t]$ 时间内最后一个转播 M 给结点 i 的上游转播结点);

剩余电量 $e(i,t)$: 结点 i 的电池在 t 时刻的剩余电量;

覆盖半径 r: 结点辐射电波的覆盖区域的半径, 也就是结点与其邻结点之间的最大距离。

3.3 MLDB 广播机制

在延长网络寿命的分布式广播 (MLDB) 策略中，每个结点转播之后选取尽可能少的邻结点为新的转播结点，以此来减小广播分组在网络中不必要的重复转播，减小转播中邻结点之间的资源竞争和冲突，进而解决广播风暴问题。同时 MLDB 考虑无线 Ad hoc 网络结点供电能量受限的问题，将延长网络寿命作为设计该广播算法的目标之一。在选择转播结点的过程中，MLDB 在转播时延中综合考虑结点转播带来的新增覆盖面积、未收到广播分组的邻结点数以及结点剩余电量三个因素。MLDB 是一个分布式的广播算法。广播中每个结点依据其本地信息来决定是否对广播分组进行转播。这种分布式的设计大大降低了 MLDB 的开销，MLDB 不需要像其他节能广播算法那样要计算出最小能耗广播树。MLDB 通过转播时延的合理设计，实现在保证广播效率和减小转播冗余的同时，减小广播消耗的总能量并延长网络寿命。

3.3.1 转播时延计算

MLDB 是一种利用"转播时延"机制来减小泛洪中的转播冗余和能量消耗的广播机制。其基本思想是：当结点 i 第一次收到一个广播分组 M 时，它不像简单泛洪 (SF) 那样直接进行转播，而是时延 $D(i)$ 时间后再决定是否对该分组进行转播。在 $D(i)$ 超时之前，只要该结点的转播效率低于某一门限值，它就放弃对 M 的转播。这样在收到广播分组的邻结点中，具有较大转播时延和较低转播效率的结点就会以较大的概率放弃转播；相反具有较小转播时延和较高转播效率的结点则会快速将 M 转播出去，并覆盖较多的两跳范围内的结点，进而减小被覆盖的结点的转播效率，进一步增加具有较大转播时延和较低转播效率的结点放弃转播的概率。因此，为了用尽量少的结点的转播覆盖网络中尽量多的结点，MLDB 选择具有较高转播效率的邻结点来充当转播结点，为其设定较小的转播时延，而给具有较低转播效率的结点设定较大的转播时延。下面详细讨论如何为收到广播分组的结点设置转播时延。

为了确定结点的转播时延，首先应确定结点的转播效率。结点的转播效率 $R(i,t)$ 一般用下式表示 (Ni et al., 1999)：

$$R(i,t) = \frac{I_C(i,t)}{C(i,t)} \tag{3.2}$$

其中，$I_C(i,t)$ 表示结点 i 的转播带来的新增加的覆盖面积，它与结点 i 到其上游转播结点之间的距离 $l(i,t)$ 有关，$l(i,t)$ 越接近覆盖半径 r，$I_C(i,t)$ 就越大；$C(i,t)$ 表示结点 i 转播的覆盖面积。如图 3.1 所示，结点 $\mathrm{uf}(i,t_{k-1})$ 是结点 i 的上游转播结点，若结点 i 收到来自结点 $\mathrm{uf}(i,t_{k-1})$ 的广播分组之后再次转播，则结点 i 转播带来的新增覆盖面积 $I_C(i,t)$ 就是图中阴影区域的面积，因为每个结点的覆盖半径相同，所以

$$I_C(i,t) = \pi r^2 - 4 \int_{l(i,t)/2}^{r} \sqrt{r^2 - x^2}\,\mathrm{d}x \tag{3.3}$$

$$C(i,t) = \pi r^2 \tag{3.4}$$

进而

$$R(i,t) = \frac{\pi r^2 - 4 \displaystyle\int_{l(i,t)/2}^{r} \sqrt{r^2 - x^2}\,\mathrm{d}x}{\pi r^2} \tag{3.5}$$

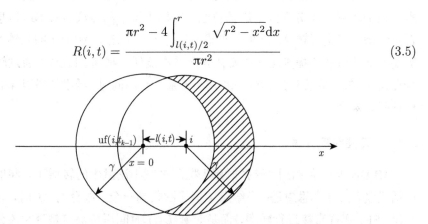

图 3.1   结点 i 收到来自 $\mathrm{uf}(i,t_{k-1})$ 的广播分组后，决定对其进行转播

由式 (3.5) 可以看出，结点的转播效率取决于该结点与上游转播结点之间的距离，距离越大，转播效率越高。然而在实际中，结点的转播效率不仅与相邻转播结点间的距离有关，还取决于转播结点的度。结点的度在本章中是指该结点的所有没有被其他转播结点覆盖的邻结点的个数。结点 A 如果收到了来自另一个结点 B 转播或广播发来的广播分组，称之为结点 A 被结点 B 覆盖了。可以看出，与相邻转播结点之间的距离相比，转播结点的度能够更加准确地反映该结点的转播效率。上述用相邻转播结点之间距离来计算转播效率的方法仅适用于网络中各处结点密度一致的情况。而在实际网络中，无线 Ad hoc 网络中结点的分布是随机的，并非是密度均匀的。为此，在计算结点转播效率时，应将结点的密度考虑进来。在 MLDB 中，用结点 i 的未被覆盖的邻结点数 $d(i,t)$ 与距离 $l(i,t)$ 一起来表征结点的转播效率，进而计算转播时延。$l(i,t)$ 和 $d(i,t)$ 越大，$R(i,t)$ 就越大，转播时延 $D(i)$ 也就越小。$l(i,t)$ 和 $d(i,t)$ 是计算转播时延的两个参数。

在为无线 Ad hoc 网络设计广播算法时，仅考虑结点转播效率尽管会大大减小转播冗余，进而减轻或避免广播风暴，但是这样的设计忽略了无线 Ad hoc 网络移动结点能耗受限的特点。在这种情况下，网络总会选择转播效率最高的结点去进行转播，转播效率低的结点几乎不用进行转播，网络就可以完成广播。在结点能耗受限的无线 Ad hoc 网络中，仅依靠转播效率来选择转播结点的策略会使转播效率高的结点频繁被选为转播结点，最终导致转播效率高的结点的电池被很快的耗尽而"死亡"，网络出现不连通状态。若一个算法能以较小的冗余完成一次广播，却存在部分结点在广播中因能量耗尽而使网络过早出现不连通的状态，它将无法应用于实际网络中。为此，MLDB 引入了第三个影响转播时延设计的参数：结点剩余电量 $e(i,t)$。在选择转播结点时，MLDB 综合考虑 $l(i,t)$、$d(i,t)$ 和 $e(i,t)$ 这三个参数，给电量充足且转播效率高的邻结点分配较小的转播时延，让它们以较大的概率转播广播分组；为那些剩余电量较少或转播效率较低的结点设置较大的转播时延，使其以较大的概率放弃转播，最终在保证网络寿命的前提下以小的转播冗余将广播分组 M 广播至网络中所有结点。

下面分别给出 $d(i,t)$、$l(i,t)$ 和 $e(i,t)$ 这三个参数的表达式。设在 $[0,t]$ 时间内，结点 i 从不同的上游转播结点收到 k 次 M，做如下定义：

$$A(i,t_j) = \left\{ q \left| \sqrt{(x_q - x_{\mathrm{uf}(i,t_j)})^2 + (y_q - y_{\mathrm{uf}(i,t_j)})^2} \leqslant r, q \in \mathrm{NB}(i) \right. \right\} \tag{3.6}$$

则由 $d(i,t)$ 和 $l(i,t)$ 的定义可得

$$d(i,t) = \left| \mathrm{NB}(i) - \bigcup_{0 \leqslant j \leqslant k} A(i,t_j) \right| \tag{3.7}$$

$$l(i,t) = \sqrt{(x_i - x_{\mathrm{uf}(i,t_k)})^2 + (y_i - y_{\mathrm{uf}(i,t_k)})^2} \tag{3.8}$$

任意结点 i 在进入网络之前有一个初始电量 E_m，随着时间 t 的推进，结点 i 会不断发送或收到分组，这将使得其剩余电量减少。令 $f_t(i,t)$ 为结点 i 从开始进入网络到 t 时刻的时间内发送的所有分组的长度之和；$f_r(i,t)$ 为结点 i 从开始进入网络到 t 时刻的时间内接收到的所有分组的长度之和；$E_t(i,t)$ 和 $E_r(i,t)$ 分别为结点 i 从开始进入网络到 t 时刻的时间内发送和接收分组所消耗的总电量，采用 Heinzelman 等 (2000) 所提的能量模型可得

$$E_t(i,t) = E_{\mathrm{elect}} \cdot f_t(i,t) + \varepsilon_{\mathrm{amp}} \cdot f_t(i,t) \cdot r^2 \tag{3.9}$$

$$E_r(i,t) = E_{\mathrm{elect}} \cdot f_r(i,t) \tag{3.10}$$

其中, E_{elect} 和 ε_{amp} 取决于物理层收发信机具体参数, 一般取 $E_{elect}=50\text{nJ}/\text{bit}$, $\varepsilon_{amp}=100 \text{ pJ}/(\text{bit}/\text{m}^2)$; r 是通信射程。由上述分析可得

$$
\begin{aligned}
e(i,t) &= E_m - E_t(i,t) - E_r(i,t) \\
&= E_m - E_{elect} \cdot [f_t(i,t) + f_r(i,t)] - \varepsilon_{amp} \cdot f_t(i,t) \cdot r^2
\end{aligned} \tag{3.11}
$$

依据式 (3.7)、式 (3.8) 和式 (3.11), 按照式 (3.12)~ 式 (3.14) 计算结点 i 转播时延的三个量: $f_d(i)$、$f_l(i)$ 和 $f_e(i)$, 它们分别反映了 $d(i,t)$、$l(i,t)$ 和 $e(i,t)$ 对转播时延的影响。对于到上游转播结点之间的距离 $l(i,t)$、结点的度 $d(i,t)$ 和剩余电量 $e(i,t)$, 这里取 $t=0$ 时刻的值, 这是由于转播时延 $D(i)$ 应在结点第一次收到广播分组 ($t=0$) 时计算出来, 之后结点才能以 $D(i)$ 为依据对转播进行延时。

$$
f_d(i) = \frac{d_m - d(i,0)}{d_m}, \quad (0 \leqslant f_d(i) \leqslant 1) \tag{3.12}
$$

$$
f_l(i) = \frac{r - l(i,0)}{r}, \quad (0 \leqslant f_l(i) \leqslant 1) \tag{3.13}
$$

$$
f_e(i) = \frac{E_m - e(i,0)}{E_m - E_T}, \quad (E_T \leqslant e(i,0) \leqslant E_m) \tag{3.14}
$$

式 (3.12) 中的 d_m 是结点的度的最大值; 式 (3.14) 中的 E_T 是结点的电量门限。当 $e(i,0) < E_T$ 时, 结点 i 处于危险状态, 应尽可能地少传输数据, 否则该结点很快就会因电量耗尽而"死亡"。MLDB 中当 $e(i,0) < E_T$ 时, 结点将会放弃对广播分组的转播, 以延长无线 Ad hoc 网络的寿命。E_T 的选择直接影响广播算法的性能, 电量门限太大会导致一些结点收不到广播分组; 电量门限太小将不能有效避免网络中部分结点过早的因电量耗尽而"死亡", 进而导致网络出现不连通的状态。为此需要依据实际网络应用场景, 折中地确定 E_T 的值。

为了减小转播冗余并有效延长无线 Ad hoc 网络的网络寿命, 在计算转播时延时, 综合 $f_d(i)$、$f_l(i)$ 和 $f_e(i)$, 可以得出转播时延的计算公式:

$$
D(i) = D_m \cdot f(f_d(i), f_l(i), f_e(i)) \tag{3.15}
$$

其中, D_m 是最大转播时延。关于 $f(f_d(i), f_l(i), f_e(i))$, 给出了两种计算方法, 分别是和式计算与积式计算:

$$
f^{sum}(f_d(i), f_l(i), f_e(i)) = \alpha f_d(i) + \beta f_l(i) + \lambda f_e(i) \tag{3.16}
$$

$$
f^{pro}(f_d(i), f_l(i), f_e(i)) = f_d(i) f_l(i) f_e(i) \tag{3.17}
$$

进而得到两种计算转播时延的公式：

$$D^{\mathrm{sum}}(i) = D_m \cdot \left\{ \frac{\alpha[d_m - d(i,0)]}{d_m} + \frac{\beta[r - l(i,0)]}{r} + \frac{\lambda[E_m - e(i,0)]}{E_m - E_T} \right\} \quad (3.18)$$

$$D^{\mathrm{pro}}(i) = \frac{D_m \cdot [d_m - d(i,0)][E_m - e(i,0)][r - l(i,0)]}{(E_m - E_T)d_m r} \quad (3.19)$$

3.3.2 算法介绍

设 s 为广播触发结点，广播分组为 M，网络中任意结点 $i \in (V - \{s\})$ 应执行以下算法。

(1) 初始化。$j = -1$，$D(i) = D_m$，$\mathrm{UF}(i,0) = \varnothing$，$\mathrm{UC}(i,0) = \mathrm{NB}(i)$。

(2) 等待接收广播分组。如果收到广播分组 M，执行第 (3) 步。若没有收到 M 且 $j \geqslant 0$，执行第 (8) 步。

(3) 收到广播分组 M 后，确定 M 是否为一个新分组。如果是，则执行第 (4) 步；如果该结点已经收到过该分组，则令 $j = j+1$ 并执行第 (5) 步。

(4) 检查结点的剩余电量。时间从结点第一次收到广播分组开始计算，首先令 $t = 0$。一个结点在从第一次收到 M 到转播时延超时的时间里，可能多次收到来自其他邻结点对 M 的转播，为此用 j 表示结点重复收到该分组的次数。这里因为结点第一次收到 M，所以令 $j = 0$。检查该结点的剩余电量，如果 $e(i,0) < E_T$，说明该结点能量处于危险状态，放弃对 M 的转播，执行第 (10) 步。

(5) 检查是否对 M 转播过。如果是，放弃对 M 的转播，执行第 (10) 步。

(6) 确定上游转播结点，并更新上游转播结点集。令 $t_j = t$，t_j 记录结点收到第 j 个重复的 M 的时刻，忽略传播时延，则 M 是在 t_j 时刻被结点 i 的某一邻结点转播或广播的，用 p_{t_j} 来标示该转播或广播结点。由上游转播结点定义可得

$$\mathrm{uf}(i, t_j) = p_{t_j} \quad (3.20)$$

由上游转播集定义知 p_{t_j} 是结点的第 $j+1$ 个上游转播结点，因此将其添加到结点的上游转播集中：

$$\mathrm{UF}(i,t) = \mathrm{UF}(i,t) \bigcup \{p_{t_j}\} \quad (3.21)$$

(7) 对结点的度进行更新。基于本地获得的 $\mathrm{uf}(i,t_j)$ 的位置信息，结点 i 可以计算出 $\mathrm{uf}(i,t_j)$ 的覆盖区域 $C'(i,t_j)$。然后检查未覆盖结点集 $\mathrm{UC}(i,t)$ 内的所有结点，通过删除被 $C'(i,t_j)$ 覆盖的那些结点，实现对 $\mathrm{UC}(i,t)$ 的更新，进而实现对结点的度 $d(i,t_j)$ 的更新。如图 3.2 所示，$\mathrm{uf}(i,t_j)$ 在 t_j 时刻对 M 进行了转播，结点

i 收到该分组后对其未覆盖集和度进行更新。其中阴影区为上游转播结点 $\mathrm{uf}(i,t_j)$ 的覆盖区域,而被该区域覆盖的结点 i 的邻结点要从 $\mathrm{UC}(i,t)$ 中删除,在图 3.2 中 $\mathrm{UC}(i,t)$ 更新后结点的度由 7 变为 3。在对 $d(i,t_j)$ 进行更新后,将其与度门限 $n(n$ 为一系统参数) 进行比较,如果 $d(i,t_j) \leqslant n$,放弃对 M 的转播,并执行第 (10) 步;如果 $d(i,t_j) > n$ 且 $j > 0$,执行第 (9) 步。

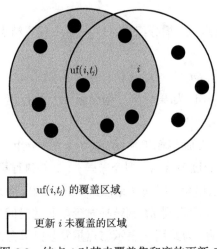

图 3.2 结点 i 对其未覆盖集和度的更新 Y

（8）计算转播时延。$j = 0$ 意味结点 i 第一次收到 M,这时它按照式 (3.18) 或式 (3.19) 计算转播时延并进行延时。在式 (3.18) 和式 (3.19) 中,结点的度 $d(i,0)$ 已由上一步得到;距离 $l(i,0)$ 等于结点 i 与 $\mathrm{uf}(i,0)$ 之间的距离,可由两个结点的位置计算出来;剩余电量 $e(i,0)$ 可以在结点 i 本地获取。

（9）判断转播时延是否超时。如果 $t < D(i)$,执行第 (2) 步;否则将广播分组 M 转播给其所有邻结点。

（10）结束。

一般而言,结点 i 每收到一次广播分组 M,它的度就会递减一次,因此结点的度 $d(i,t)$ 是时间 t 的减函数。为此,每收到一次广播分组 M,结点 i 都要用上述第 (6) 步所述的方法对 $d(i,t)$ 进行更新。对于度门限 n,因为结点的度 $d(i,t)$ 可能受到多个上游转播结点影响,在 $0 \leqslant t \leqslant D(i)$ 的时间内快速递减,所以在每收到一次广播分组后都要进行检查是否满足 $d(i,t) \leqslant n$,若满足则放弃转播。而对于电量门限 E_T,由于 $D(i)$ 的值比较小,故认为在 $0 \leqslant t \leqslant D(i)$ 的时间里 $e(i,t)$ 是不变的,为此在算法执行过程中,仅在 $t = 0$ 时刻检查是否满足 $e(i,0) < E_T$,若满足则

放弃转播。

3.3.3 两个门限

为了减小广播冗余增加转播效率，使无线 Ad hoc 网络寿命最大化，MLDB 定义了两个门限：度门限 n 和能量门限 E_T。度门限 n 允许那些具有很少的未覆盖邻结点的结点放弃对广播分组的转播；而能量门限 E_T 使得那些剩余电量较小或"濒临死亡"的结点拒绝转播任何广播分组。这两种门限的使用使得 MLDB 大大减少了那些无用的转播，增加了广播效率且延长了网络寿命 (Zhao et al., 2007a)。关于这两个门限的取值，存在一个折中的关系。太大的度门限和能量门限均会导致广播算法的低覆盖率，也就是不能保证将广播分组发送给网络中的所有结点。过小的度门限不能将转播冗余减小到最小，过小的能量门限不能预防网络过早出现隔离的情形。因此，在选择度门限 n 和能量门限 E_T 的值时，应根据实际应用场景和应用需求来确定。

3.4 数值结果与性能分析

本节采用仿真的方法对 MLDB 算法进行验证。将 MLDB 算法与简单泛洪 (SF) 算法和 BPS 算法 (Durresi et al., 2005) 进行比较。其中，BPS 算法是一种典型的应用于能耗受限无线多跳网络的性能较好的广播算法。本节针对不同规模的无线 Ad hoc 网络进行了仿真试验。仿真中采用 OPNET 10.5 仿真工具。MAC 层采用 IEEE 802.11 协议，结点覆盖范围的半径 r 取为 250m。网络中的结点被随机的放置在平面上，每个数据分组的大小为 512 bytes。表 3.1、图 3.3~3.9 以及图 3.12 给出的仿真数据是在分组到达率为 2 packet/s 的条件下得到的，而图 3.10 和图 3.11 中分组到达率是变化的。仿真主要讨论 MLDB 算法在不同的网络规模、网络结点密度和网络负荷下的性能。仿真中，最大转播时延 D_m 为 0.14s，能量门限 $E_T = E_m/100$，度门限 n 取为 $b/5$，其中 b 是网络中结点的平均邻结点数。

1. 仿真中采用的性能指标

(1) 转播率 (rebroadcast ratio,R)：网络中实际对广播分组进行了转发的结点数与网络中结点总数的比值。

(2) 可达率 (reachability ratio, RE)：网络中接收到广播分组的结点数与网络中所有结点的数目的比值。RE 反映了广播算法的覆盖率。

(3) 最大端到端时延 (maximum end-to-end delay, MED):从广播分组由广播触发结点发送出去到网络中其他结点收到该分组的时间间隔的最大值。

(4) 网络寿命 (life-time, LT): 从网络初始化开始到网络中第一个结点因能量耗尽而死亡的时间间隔。这里网络寿命用时轮 (round) 来表示,将一个分组广播至全网的时间间隔为 1 个时轮,网络寿命就是第一个结点"死亡"时刻所在的时轮。

2. 转播时延中 α、β 与 λ 的选择

本节对式 (3.18) 给出的转播时延进行了仿真研究,对转播时延中的三个因子 α、β 与 λ 对 MLDB 算法的性能影响做了大量的仿真,如图 3.3 和图 3.4 所示,给出了 (α, β, λ) 分别取六种组合: $(0.5, 0.5, 0)$、$(0, 0.5, 0.5)$、$(0.5, 0, 0.5)$、$(0.5, 0.2, 0.3)$、$(f_l(i) \times f_e(i), 0, 0)$ 以及 $(0, f_d(i)/2, f_d(i)/2)$ 时,MLDB 算法的性能对比图。当 (α, β, λ) 取第五种组合 $(f_l(i) \times f_e(i), 0, 0)$ 时,转播时延为式 (3.19) 给出的计算式。从图 3.3 和图 3.4 中可以看出 MLDB 算法在 (α, β, λ) 取 $(0.5, 0.5, 0)$ 时转播率最小,进而网络寿命也比较长,但是在端到端时延上不理想。在 (α, β, λ) 取 $(f_l(i) \times f_e(i), 0, 0)$ 时广播可达率最高,最大端到端时延最小。MLDB 算法由于转播率最小,进而网络寿命也比较长,但是在端到端时延上不理想。而 (α, β, λ) 取 $(f_l(i) \times f_e(i), 0, 0)$ 时,MLDB 算法获得最小的端到端时延,最高的可达率以及低的转播率和长的网络寿命。综合图 3.3 与图 3.4 中的性能曲线,(α, β, λ) 取 $(f_l(i) \times f_e(i), 0, 0)$ 时的算法性能是最好的,为此在下面的仿真中为 (α, β, λ) 选取第五种组合 $(f_l(i) \times f_e(i), 0, 0)$。

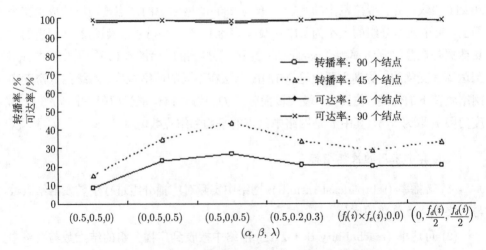

图 3.3　(α, β, λ) 对 MLDB 算法转播率和可达率的影响

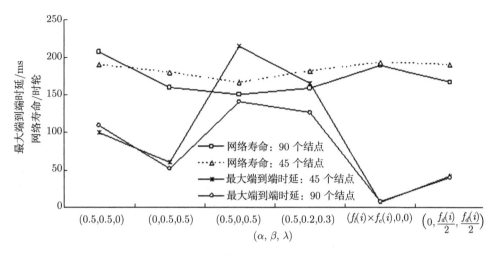

图 3.4 (α, β, λ) 对 MLDB 算法最大端到端时延和网络寿命的影响

3.3.3 小节已指出，度门限 n 使得那些具有很少的未覆盖邻结点的结点放弃对广播分组的转播，当结点的度低于度门限 n 时，结点就放弃对广播分组的转播。这里通过仿真讨论度门限 n 的选取。令 b 是网络中结点的度的最大值，如图 3.5 所示，给出了度门限 n 分别取 0.1b~0.5b 时，在结点数为 45 的无线 Ad hoc 网络中 MLDB 算法的四个性能指标的变化曲线。与理论上得到的结论一致，仿真得到的数据表明，随着度门限的增加，MLDB 算法的转播率与可达率均减小，而由于转播率的减小，网络中参与转播的结点数减少，进而网络寿命得到延长。

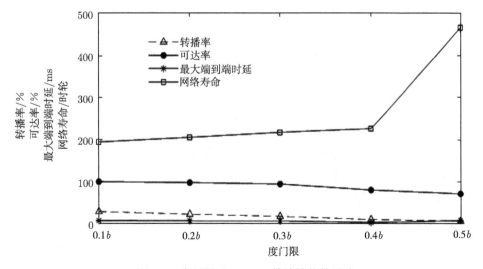

图 3.5 度门限对 MLDB 算法性能的影响

3.4.1   结点密度对广播路由性能的影响

固定网络规模，将不同数量的结点随机地散布在相同大小的二维区域内进行仿真，来获取广播算法在不同结点密度下的性能。用单位区域面积 (1km²) 内的结点数表征结点密度。

如图 3.6 和图 3.7 所示，给出了不同结点密度下广播算法的可达率、转播率、最大端到端时延和网络寿命。可以看出在各种不同的环境下，MLDB 算法、BPS 算法与 SF 算法均有高的可达率，但 MLDB 算法能节省大量的转播冗余，具有最低的转播率。而在端到端时延方面，MLDB 算法的 MED 低于 BPS 算法与 SF 算法。另外，由于 SF 算法的转播率和可达率非常接近，图 3.6 中这两条曲线重叠在了一起。

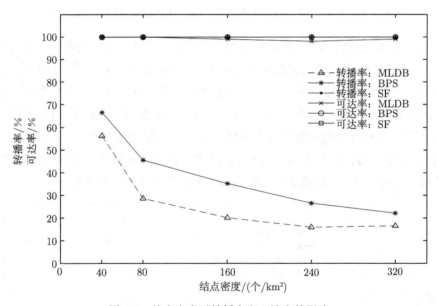

图 3.6   结点密度对转播率和可达率的影响

如图 3.7 所示，MLDB 算法具有最长的网络寿命。图 3.7 中，MLDB 算法具有比 SF 算法小的端到端时延，这是由于在 SF 算法中每个结点第一次收到广播分组马上对其转播，这会造成同一影响区域内严重的信道冲突，进而增大端到端时延；而 MLDB 算法采用的基于转播时延的机制可以减轻和避免信道冲突，获得较小的端到端时延。

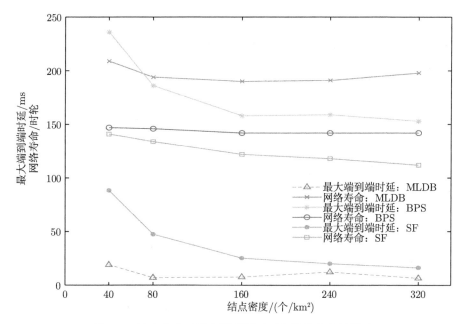

图 3.7　结点密度对最大端到端时延和网络寿命的影响

3.4.2　网络规模对广播路由性能的影响

如图 3.8 所示,给出了 MLDB 算法、BPS 算法以及 SF 算法三种算法的转播率和可达率随网络规模变化的曲线,可以看出在不同网络规模下 MLDB 算法可以获得至少 97% 的可达率,并且转播率不大于 30%,大大减小了传统 SF 算法中的转播冗余,提高了广播效率。

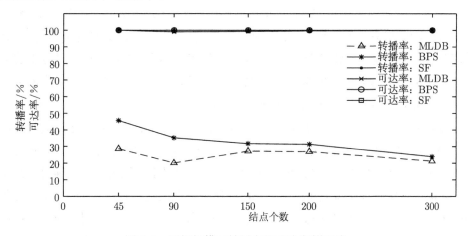

图 3.8　网络规模对转播率和可达率的影响

如图 3.9 所示，给出了不同网络规模对最大端到端时延及网络寿命的影响，可以看出在各种情况下 MLDB 算法具有最小的时延和最长的网络寿命。

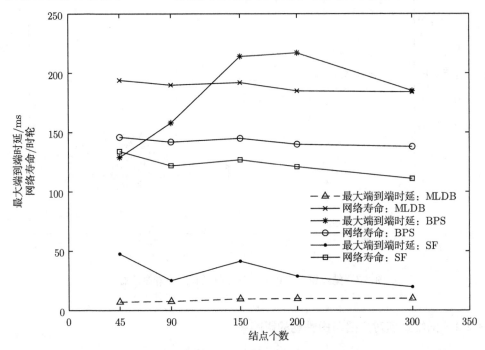

图 3.9　网络规模对最大端到端时延和网络寿命的影响

3.4.3　分组到达率对广播路由性能的影响

固定其他参数，分组到达率分别为 1packet/s、3packet/s、5packet/s、7packet/s 和 9packet/s，如图 3.10 和图 3.11 所示给出了可达率、转播率、最大端到端时延和网络寿命随分组到达率变化的曲线。可以看出，随着分组到达率的增加，最大端到端时延会略有增加。网络负荷对 MLDB 的性能影响不大。在不同分组到达率的环境下，MLDB 算法能够在维持与 SF 算法一样可达率的情况下获得不大于 35% 的转播率，而 BPS 算法的转播率却不低于 45%。

综合图 3.6 ～ 图 3.11 可以得出，MLDB 算法能够在保持高可达率的同时获取最低的转播率。并且在最大端到端时延方面，MLDB 算法的性能也优于 SF 算法与 BPS 算法。虽然 MLDB 算法对转播进行了时延，但对于不同的结点转播时延是不同的，这在一定程度上减轻或避免了 SF 算法中存在的转播竞争和冲突，最终使得 MLDB 算法获得比 SF 算法小的最大端到端时延。MLDB 算法适用于网络规模和结点密度适中的场景，能够适应无线 Ad hoc 网络带宽和能量受限的特点。

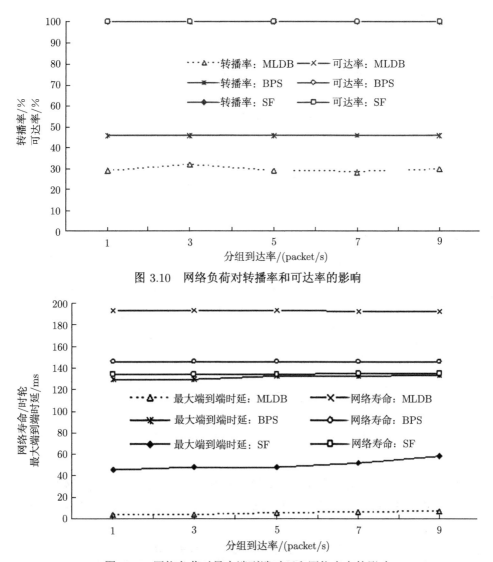

图 3.10 网络负荷对转播率和可达率的影响

图 3.11 网络负荷对最大端到端时延和网络寿命的影响

3.4.4 不同广播算法的网络寿命对比

如图 3.12 所示给出了相同场景下, 网络使用 MLDB 算法、BPS 算法以及 SF 算法三种不同的算法时, 150 个结点组成的网络中幸存结点数随时间变化的曲线 (结点能量没有耗尽的结点称为幸存结点)。仿真中每个结点的初始能量值为 1.0J, 结点的电量消耗模型采用 Doshi 等 (2002) 文献给出的模型。可以看出采用 SF 算法时, 网络中第一个结点和最后一个结点 "死亡" 的时刻分别为 62.28s 和 68.22s。

在 68.22s 之后，SF 算法中不再有结点"死亡"，是由于过多的结点"死亡"使得网络出现不连通的状态，最终广播无法进行。采用 BPS 算法时，网络中第一个结点"死亡"的时间是 77.9s，到 200s 的时候网络中总共有 82 个结点因电能耗尽而"死亡"。在采用 MLDB 算法进行广播时，第一个结点"死亡"发生在 108.63 s，200s 时共有 18 个结点电能耗尽，这三种广播算法中，MLDB 算法具有最小的结点"死亡"速率。

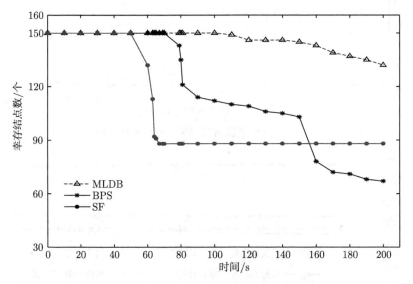

图 3.12　随着时间推移，网络 (由 150 个结点组成) 中幸存结点的数目

　　如表 3.1 所示，给出了不同初始能量下三种广播算法的网络寿命，这里网络寿命用时轮来度量，可以看出不同初始能量下，MLDB 算法均获得最长网络寿命。

表 3.1　不同初始能量下的网络寿命

能量/(J/结点)	算法	网络寿命/时轮
	MLDB	41
0.25	BPS	36
	SF	32
	MLDB	89
0.5	BPS	73
	SF	64
	MLDB	192
1.0	BPS	145
	SF	127

3.5 本章小结

　　为了提高广播效率、减小转播冗余和延长无线 Ad hoc 网络寿命，本章提出了一种新的广播算法 ——MLDB 算法。该算法首先是分布式执行的，结点不需为有效广播和延长网络寿命而维持过多的拓扑信息，MLDB 算法中每个结点仅需获取本地邻结点 (1-hop 内结点) 信息就可以完成广播任务。其次，MLDB 算法是结点密度自适应的，在确定转播效率时综合考虑距离和未收到广播分组的邻结点数，让那些拥有较多未覆盖邻结点和较大新增加覆盖面积的结点进行转播，进而减小转播冗余。最后，MLDB 算法是节能的广播算法，通过在选择转播结点时将结点剩余电量和转播效率综合起来，达到均衡流量、减小能量消耗和延长网络寿命的目的。MLDB 算法的综合设计解决了其他节能广播算法中存在的开销太大的问题，使其更加适用于无线 Ad hoc 网络的特殊环境中。仿真结果表明，通过与 SF 算法和 BPS 算法相比，MLDB 算法确实能够有效改善网络性能。

第4章　无线传感器网络的广播路由算法

当前先进的无线通信和微电子技术促进了无线传感器网络 (WSN) 的发展。WSN 中的结点具有体积小、成本低的特点，它们可以完成物理量感知、信号处理以及结点间的通信，最终将感知处理得到的数据传给网络中的其他结点。WSN 是以自组织的方式将大量的传感器结点组网形成的网络，WSN 可以应用在大量的民用和军用场景下，如目标跟踪、战场侦察、安全、环境监视以及系统控制等领域。

通过对 WSN 广播中结点的转播行为的分析，为 WSN 提出了一种有效广播策略 ——EBP。该广播策略专门针对无线传感器网络的特点而设计，采用自适应位置策略获得尽量大的一跳距离，最终节省大量的转播。在广播过程中，该广播策略不需要任何邻结点信息，因此大大降低算法的控制开销和存储开销，适用于结点体积小、内存小、处理能力弱的无线传感器网络 (赵瑞琴等, 2009)。

一些 WSN 的典型应用，如紧急情况报告、结点间信息共享等，均需要通过广播来实现，广播也可以用来建立和发现网络中任意两个结点之间的所有路径。WSN 中的广播算法应遵循以下设计原则。

(1) 扩展性。扩展性对于大规模高密度网络是一项非常重要的指标，广播算法的性能不能随网络规模或结点密度的增加而恶化。大规模网络中，扩展性要通过分布式的算法来实现。广播算法不能依赖全网拓扑信息，且算法的性能不能随网络规模的增加而恶化。

(2) 节能。考虑到便携性，现有的 WSN 结点大都由有限容量的电池供电，这使得电池电量成为 WSN 中稀缺而又昂贵的资源。算法的节能设计考虑对于一个WSN 来讲是很有必要的。对于广播算法，节能就是要尽可能减少发送次数。

(3) 存储复杂性。传感器结点的内存一般都比较小，为此一个算法对结点存储量的要求应尽量的小。那些不需要获取邻居信息进行广播的算法具有小的存储复杂性。

(4) 计算复杂度。传感器结点的计算能力比较弱，因此希望算法应该尽可能的简单。

本章依据上述设计原则为 WSN 提出了一种有效的广播算法 ——EBP 算法，该算法是基于区域的广播策略，大大减小了广播中的冗余转播和通信开销。

4.1 一次转播引发新转播的分析

4.1.1 符号定义

C：整个网络的覆盖范围的面积；

r：一个结点覆盖范围的半径；

D：网络中的结点密度，是 $r \times r$ 的正方形区域内的平均结点数；

S：在网络中触发广播的结点；

P_S：结点 S 向网络中广播的分组，称为广播分组；

$U(i)$：结点 i 的上一跳转播结点，该结点对广播分组 P_S 进行转播后，其邻结点 i 收到了该广播分组；

$\mathrm{nb}(i)$：可以直接与结点 i 通信的结点，也就是其一跳邻结点；

$\mathrm{NB}(i)$：结点 i 的所有一跳邻结点的集合；

n：引发新转播次数。这是指在结点 i 对广播分组 P_S 进行转播的条件下，因收到来自结点 i 的广播分组 P_S 后再次对 P_S 进行转播的 $\mathrm{nb}(i)$ 的个数；

$I_j(i)$：引发新转播结点。这是指在结点 i 对广播分组 P_S 进行转播的条件下，因收到来自结点 i 的广播分组 P_S 后再次对 P_S 进行转播的一个 $\mathrm{nb}(i)$，其中 $j = 1, 2, 3, \cdots, n$。

$R(i)$：邻域广播覆盖区域。这是指结点 i、其上一跳转播结点及其所有引发新转播结点的覆盖区域的并集。

(x_i, y_i)：结点 i 的位置。可以通过 GPS 或其他手段获取结点位置信息。

4.1.2 引发新转播次数分析

对于任意转播结点 i，从保证广播可靠性与覆盖率的意义上讲，希望网络中有尽量多的结点对广播分组进行转播，这样引发新转播次数 n 就会比较大，如传统泛洪广播机制中 n 值取为最大，让每个邻结点都进行转播。然而从减小转播冗余，提高广播效率的角度上讲，希望一个结点的转播引发尽量少的新的转播，即希望 n 尽量的小。

当 $n = 1$ 时，如图 4.1 所示，结点 i 对广播分组 P_S 进行转发之后，除了结点 i 的上一跳转播结点 $U(i)$，$\mathrm{NB}(i)$ 中仅有一个结点 $I_1(i)$ 对 P_S 进行了转播。从图 4.1 中可以看到，当 $n = 1$ 时，结点 i 的邻域广播覆盖区域是不平衡的，这将导致低的广播的可达率，不能保证将广播分组散布给网络中的所有结点。

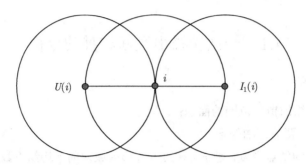

图 4.1   每个转播结点选择一个邻结点作为新的转播结点 $(n=1)$

当 $n \geqslant 2$ 时，通过合理选取这 n 个引发新转播结点的位置，可以获得平衡的邻域广播覆盖区域。按照如图 4.2 或图 4.3 所示的方式选择引发新转播结点的位置，可以看到结点 i 的邻域广播覆盖区域 $R(i)$ 是平衡的，如果网络中所有转播结点都选择这样的方式引发新转播结点，可以保证广播算法的可达率。

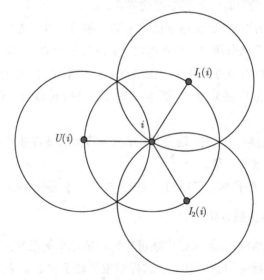

图 4.2   每个转播结点选择两个邻结点作为新的转播结点 $(n=2)$

从广播效率角度上讲，希望以尽量少的转播结点去覆盖全网所有结点，因此相邻转播结点的覆盖区域之间的交叠区域应被最小化。不管 n 取多大的值，邻域广播覆盖区域 $R(i)$ 面积不大于结点 i 的两跳邻域 (以结点 i 为圆心，$2r$ 为半径的区域) 的面积。引发新转播次数 n 越大，$I_1(i), I_2(i), \cdots, I_n(i)$ 以及 $U(i)$ 各结点的覆盖区域的交叠面积越大，从而广播效率也就越低。图 4.2 和图 4.3 分别给出了 $n=2$ 和 $n=3$ 时的情形，可以看到 $n=3$ 时被重复转播覆盖的交叠区域的面积大于 $n=2$

时的情形。为此综合考虑广播可达率和广播效率, $n = 2$ 是最佳选择。

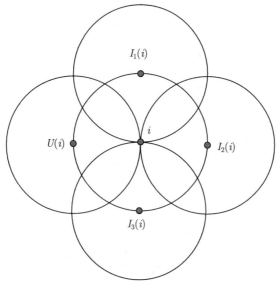

图 4.3 每个转播结点选择三个邻结点作为新的转播结点 $(n = 3)$

4.1.3 引发新转播的位置

每个转播结点按照图 4.2 所示的方式选择两个邻结点 $I_1(i)$ 和 $I_2(i)$ 作为新的转播结点，可以获取令人满意的可达率和广播效率。EBP 算法采用如图 4.2 所示的 $n = 2$ 时的方法为每个转播结点 i 选择两个下一跳转播结点。将满足邻域广播覆盖区域平衡的引发新转播结点的位置称为最佳位置，当 $n = 2$ 时，一个结点的邻域内有两个最佳位置，在图 4.2 中，$I_1(i)$ 和 $I_2(i)$ 的位置就是结点 i 的邻域内的两个最佳位置。

(x_i, y_i) 和 $(x_{U(i)}, y_{U(i)})$ 分别为转播结点 i 及其上一跳转播结点 $U(i)$ 的位置，则结点 i 与 $U(i)$ 之间的距离可以表示为

$$l = \sqrt{(x_i - x_{U(i)})^2 + (y_i - y_{U(i)})^2} \tag{4.1}$$

依据结点 i 与 $U(i)$ 的位置 (x_i, y_i) 与 $(x_{U(i)}, y_{U(i)})$ 及式 (4.1)，可以通过解式 (4.2) 所示的方程组得到结点 i 的邻域的两个最佳位置。解方程组可以得到 (x, y) 的两个解 (x_1, y_1) 和 (x_2, y_2)，即 $I_1(i)$ 和 $I_2(i)$ 的位置。

$$\begin{cases} (x - x_i)^2 + (y - y_i)^2 = r^2 \\ (x - x_{U(i)})^2 + (y - y_{U(i)})^2 = \left(l + \dfrac{r}{2}\right)^2 + \dfrac{3r^2}{4} \end{cases} \tag{4.2}$$

上面给出了广播过程中如何为转播结点 i 选择下一跳转播结点 $I_j(i)$ 的方法，当结点 i 为广播触发结点 S 时，结点选择下一跳转播结点的策略与普通转播结点不同。广播触发结点 S 要选择 $n+1$ 个邻结点作为其引发的新转播结点。(x_S, y_S) 为结点 S 的位置，$n=2$ 时 S 需选择三个邻结点对分组进行转播，则这三个结点的位置分别是 $(x_S - r, y_S)$、$\left(x_S + \dfrac{r}{2}, y_S - \dfrac{r\sqrt{3}}{2}\right)$ 和 $\left(x_S + \dfrac{r}{2}, y_S + \dfrac{r\sqrt{3}}{2}\right)$。按照上述策略选择 $n=2$，为每个广播或转播结点选择下一跳转播结点，则广播分组会沿着如图 4.4 所示的轨迹在网络中散布。

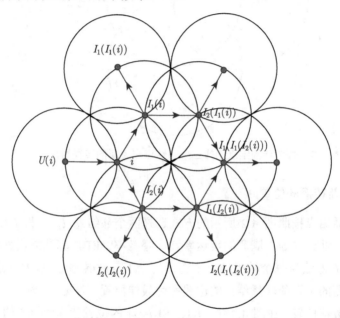

图 4.4　$n=2$ 时广播分组的散布路径

4.2　邻域内结点到达邻域边界的最小距离

一般而言，WSN 中的结点在平面上是随机散布的，假设结点在平面上的散布是强度为 λ 的泊松过程，λ 为单位面积上的结点数。为此，面积为 S 的区域上有 k 个结点的概率可以表示为

$$p_k(S) = \frac{(\lambda S)^k \mathrm{e}^{-\lambda S}}{k!}, \quad (k = 0, 1, 2, \cdots) \tag{4.3}$$

对于如图 4.5 所示的一个结点 A 的覆盖范围，令 X 为该覆盖范围内所有结点

到达覆盖范围边界任意位置 p 的最小距离，令 C_x 是结点 A 的覆盖区域与以 p 为中心，x 为半径的区域的交叠部分的面积，则 $p_0(C_x)$ 为在该交叠区域内没有结点的概率。可以得到以下情况。

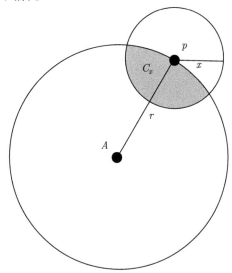

图 4.5　结点 A 覆盖范围内结点到其边界任意位置 p 的距离

在 $0 \leqslant x < r$ 的条件下

$$P(X \leqslant x) = 1 - p_0(C_x) \tag{4.4}$$

由于在结点 A 的覆盖范围内，结点 A 到任意边界位置的距离等于 r，因此当 $x \geqslant r$ 时：

$$P(X \leqslant x) = 1 \tag{4.5}$$

又由结点到某一确定位置的距离不小于 0，可以得到 X 的分布函数：

$$F(X) = P(X \leqslant x) = \begin{cases} 0, & x < 0 \\ 1 - p_0(C_x), & 0 \leqslant x < r \\ 1, & r \leqslant x \end{cases} \tag{4.6}$$

由式 (4.3) 可得

$$p_0(C_x) = \mathrm{e}^{-\lambda C_x} \tag{4.7}$$

进而

$$F(X) = P(X \leqslant x) = \begin{cases} 0, & x < 0 \\ 1 - \mathrm{e}^{-\lambda C_x}, & 0 \leqslant x < r \\ 1, & r \leqslant x \end{cases} \tag{4.8}$$

　　由式 (4.8) 可以计算覆盖范围内所有结点到达覆盖范围边界任意位置 p 的最小距离的均值为

$$
\begin{aligned}
E(X) &= \int_{-\infty}^{+\infty} x \mathrm{d}F(X) \\
&= \int_0^r x \mathrm{d}F(X) = \int_0^r \lambda x (C_x)' \mathrm{e}^{-\lambda C_x} \mathrm{d}x
\end{aligned}
\tag{4.9}
$$

接下来计算 C_x，由图 4.5 可得

$$
\begin{aligned}
C_x &= 2 \int_0^x u \cos^{-1}\left(\frac{u}{2r}\right) \mathrm{d}u \\
&= 2\left(\frac{u}{2} - \frac{(2r)^2}{4}\right) \cos^{-1}\left(\frac{u}{2r}\right) - \frac{u}{2}\sqrt{(2r)^2 - u^2}\Big|_0^x
\end{aligned}
$$

最后有

$$
C_x = \left(x^2 - 2r^2\right) \cos^{-1}\left(\frac{x}{2r}\right) - \frac{x}{2}\sqrt{4r^2 - x^2} + \pi r^2
\tag{4.10}
$$

将式 (4.10) 代入式 (4.9) 有

$$
E(X) = \int_0^r 2\lambda x^2 \cos^{-1}\left(\frac{x}{2r}\right) \mathrm{e}^{-\lambda\left(\left(x^2 - 2r^2\right)\cos^{-1}\left(\frac{x}{2r}\right) - \frac{x}{2}\sqrt{4r^2 - x^2} + \pi r^2\right)} \mathrm{d}x
\tag{4.11}
$$

又由 D 的定义可得

$$
\lambda = \frac{D}{r^2}
\tag{4.12}
$$

可以看到，$E(X)$ 是 D 与 r 的函数。令

$$
x = \varepsilon r \quad (\text{其中, } 0 \leqslant \varepsilon < 1)
\tag{4.13}
$$

$$
f(D, r) = E(X)
\tag{4.14}
$$

可得

$$
f(D, r) = E(X) = r \cdot \int_0^1 2D\,\varepsilon^2 \cos^{-1}\left(\frac{\varepsilon}{2}\right) \mathrm{e}^{-D\left(\left(\varepsilon^2 - 2^2\right)\cos^{-1}\left(\frac{\varepsilon}{2}\right) - \frac{\varepsilon}{2}\sqrt{4 - \varepsilon^2} + \pi\right)} \mathrm{d}\varepsilon
\tag{4.15}
$$

　　式 (4.15) 给出了一个结点的覆盖范围内，结点距离边界上任意位置的平均最小距离 $f(D, r)$。

4.3　EBP 算法

　　EBP 算法基于图 4.2 给出 $n = 2$ 时的广播策略，广播结点 S 按照 4.1.3 小节给出的方式选择三个邻结点作为转播结点；而普通转播结点 i 按照图 4.2 的方式仅选

择两个邻结点 $I_1(i)$ 和 $I_2(i)$ 作为其引发的新转播结点, 由上一跳转播结点和该结点的位置按照式 (4.2) 所示的方程组可得引发新转播结点的位置 (最佳位置)。按照上述策略为每个广播或转播结点选择下一跳转播结点, 则广播分组会沿着如图 4.6 所示的正六边形的边在网络中散布。可以看到在这种广播策略中, 源结点位于相互邻接正六边形的一个顶点, 理想情况下位于六边形顶点的结点最适合充当转播结点 (顶点位置就是最佳位置), 广播分组沿着正六边形的边进行传递, 直到覆盖网络中所有的结点。任意位于六边形内的结点都可以被该六边形的一个顶点覆盖。该策略仅让处于顶点位置的结点转播, 可以达到以最少的转播次数覆盖整个区域的目的。

上述分析假设结点可以随意选择其邻结点的位置, 这种理想的假设保证每个六边形顶点处都有结点。然而在实际的网络中, 在每个六边形顶点处不一定有结点存在。为此在选择下一跳转播结点的时候, EBP 算法选择距离最佳位置最近的邻结点进行转播。如图 4.6 所示, 位于最佳位置附近的结点总被选择为转播结点, 然而每个结点的本地的电能是很有限的, 这种频繁的转播会导致位于最佳位置或距离最佳位置较近的结点很快就会因电能耗尽而 "死亡"。为了避免这种现象, 除了位置因素, 在选择转播结点时还要考虑能量因素, 那些电能充足且距离最佳位置近的结点才能对广播分组进行转播。

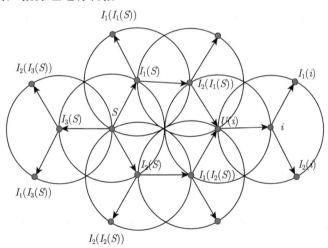

图 4.6   理想情况下广播分组的散布

4.3.1 限制转播结点的范围

为了减小不必要的转播, EBP 算法限制转播结点的所在范围。对于一个转播结点 i, 每个邻结点计算其到结点 i 邻域的两个最佳位置的最小距离, 当距离最佳位置的最小距离大于门限 l_T 时，本地结点将放弃对广播分组的转播。l_T 定义了转播结点距离最佳位置的最大距离，l_T 越大，转播冗余越大；l_T 越小，转播冗余越小。当 $l_T = 0$ 时，仅有处于最佳位置的结点才能充当转播结点；当 $l_T = r$ 时，所有结点都可能成为转播结点。$0 \leqslant l_T \leqslant r$，实际网络中 l_T 的取值取决于周围结点的密度 D($r \times r$ 内平均结点数)，结点密度越大，结点距离最佳位置的距离就越小，从而 l_T 也就越小，反之亦然。由 3.3 节的分析可得一个结点的覆盖范围内结点距离边界上任意位置的平均最小距离 $f(D,r)$，考虑到最佳位置均处在覆盖区域的边界上，为此 $f(D,r)$ 为一个结点的覆盖范围内所有结点距离最佳位置的平均最小距离。用 $f(D,r)$ 的函数来确定 l_T：

$$l_T = a \cdot f(D,r) \tag{4.16}$$

其中，系数 a 大于 1，关于 a 的取值将在 4.4.2 小节中详细讨论。

4.3.2　算法描述

每个结点仅需知道自己的位置，就可以完成 EBP 广播算法。广播分组的头部包含两个域 S_1 和 S_2，结点在转播该分组时，将上一跳结点位置填入 S_1，将自己位置填入 S_2。源结点发起广播时，仅在 S_2 中写入其位置信息。

EBP 算法采用基于自延时 (self-delay, SD) 的方法，所有结点收到广播分组之后依据域 S_1 和 S_2 内包含的位置信息、自身的位置及能耗信息进行自延时，自延时结束后由该结点依据其他约束条件来判定自己是否需要进行转播。自延时机制让最佳转播结点的时延最小。

令

$l(j)$：某转播结点邻域内，结点 j 到最佳位置的最小距离；

$e(j)$：结点 j 的剩余电能；

E_m：每个结点的初始最大电能；

E_T：电能门限，当结点电能低于该门限时，结点的电能就接近耗尽了。

广播触发结点 S 向网络中广播分组 P_S，任意结点 $j \in (V - \{S\})$ 的结点在收到广播分组后按以下步骤执行。

(1) 收到广播分组 P_S 后，确定 P_S 是否为一个新分组。如果是，则执行第 (2) 步。如果该结点已经收到过该分组，检查结点 j 是否对 P_S 转播过，如果是，放弃对 P_S 的转播并执行第 (8) 步；否则，执行第 (7) 步。

(2) 结点第一次收到 P_S，检查该结点的剩余电能，如果 $e(j) < E_T$，说明该结点能量很少，处于危险状态，放弃对 P_S 的转播，执行第 (8) 步。

(3) 若广播分组来自广播触发结点 S, 依据广播分组 P_S 中 S_2 域内包含的 S 的位置 (x_S, y_S) 计算三个最佳位置分别是 $(x_S - r, y_S)$、$(x_S + r/2, y_S - r\sqrt{3}/2)$ 和 $(x_S + r/2, y_S + r\sqrt{3}/2)$; 否则利用 P_S 中的 S_1 和 S_2 域内的位置信息, 依据式 (4.1) 和式 (4.2) 解方程, 求解得到两个最佳位置 (x_1, y_1) 和 (x_2, y_2)。

(4) 依据 P_S 中 S_2 域及本结点的位置, 结点 j 计算其到上一跳转播结点的距离 $d(j)$, 式 (3.5) 证明了距离很近的两个结点的转播会带来很低的转播效率, 定义 d_T 为相邻转播结点之间的距离门限。若 $d(j) \leqslant d_T$, 结点 j 放弃对 P_S 的转播, 执行第 (8) 步。

(5) 结点 j 计算其到各最佳位置的距离, 得出结点 j 到各最佳位置的最小距离 $l(j)$。如果 $l(j) > l_T$, 结点 j 放弃对 P_S 的转播, 执行第 (8) 步。

(6) 结点依据本地的电能及位置信息, 按照式 (4.17) 进行自延时:

$$D(j) = D_m \left(\alpha \cdot \frac{l(j)}{r} + \beta \cdot \frac{[E_m - e(j)]}{E_m - E_T} \right) \tag{4.17}$$

其中, D_m 是最大时延; α 与 β 是两个大于零且小于 1 的参数, 且 α 与 β 的和等于 1。其具体取值将在后面进行讨论。

(7) 在进行自延时的过程中, 若结点 j 再次收到广播分组 P_S, 则结点 j 更新其到上一跳转播结点的距离 $d(j)$, 若 $d(j) \leqslant d_T$, 结点 j 放弃对 P_S 的转播, 执行第 (8) 步。如果 $D(j)$ 超时, 结点 j 将上一跳转播结点的位置及自身的位置分别填入 P_S 的 S_1 和 S_2 域, 将广播分组 P_S 转播给其所有邻结点。

(8) 结束。

式 (4.17) 给出的自延时计算式是基于最佳位置转播和平衡能耗的思想, 在选择转播结点时综合考虑结点距离最佳位置的最小距离以及结点的剩余电能。避免了那些位于最佳位置或距离最佳位置较近的结点频繁的进行转播, 导致这些结点很快就会因电能耗尽而 "死亡" 的现象。另外 EBP 算法中设置的多个门限, 进一步保证了算法的广播效率。EBP 算法基于最佳位置转播和自延时的思想来减小转播次数和能量消耗。算法中每个结点仅需知道自己的位置, 就可以完成 EBP 广播算法, 结点不需要向其他算法那样维持 k 跳邻结点的信息, 这将大大减小广播的开销, 降低算法对结点存储能力的要求, 这在结点成本和体积均很小的无线传感器网络中是很有意义的。EBP 广播算法是一个适用于 WSN 的广播策略。

4.4   EBP 广播算法性能仿真分析

本节利用 OPNET 仿真软件对本章提出的有效的 EBP 广播算法进行仿真分析，将 EBP 算法与其他算法进行比较。

4.4.1   仿真参数与性能指标

仿真过程中，网络中的结点被随机的放置在仿真区域内，数据源采用泊松源，分组的平均到达间隔为 0.5s，每个数据分组的大小为 1024 bits。下面首先讨论 l_T、d_T 以及自延时 $D(j)$ 中的两个因子 α 和 β 对 EBP 算法性能的影响，然后建立不同的仿真场景对 EBP 算法性能进行了分析。仿真具体参数设置如表 4.1 所示。

表 4.1   仿真参数设置

参数	数值
MAC 层协议	IEEE 802.11
结点覆盖范围的半径 r	250m
最大转播时延 D_m	0.14s
结点初始 (最大) 能量 E_m	1J
E_T	$E_m/50$
业务源	泊松源
分组长度	1024 bits
l_T	$\dfrac{r}{f(1,r)} \cdot f(D,r)$
d_T	$0.36r$
α	0.9
β	0.1

仿真中采用与 3.4 节相同的四个性能指标：转播率 (R)、可达率 (RE)、最大端到端时延 (MED) 以及网络寿命 (LT)。

4.4.2   仿真结果与分析

1. 转播限制区域及距离门限对 EBP 算法的性能影响

在 EBP 算法中设定了三个量：l_T、d_T 与 E_T，其中 l_T 用于限制网络中有资格进行转播的结点的区域，对于任意转播结点而言，仅有处于其覆盖范围内的以最佳位置为圆心，l_T 为半径的扇形转播限制域中的结点才可能成为转播结点。l_T 的取值取决于周围结点的密度 D，式 (4.16) 给出了 l_T 等于结点的覆盖范围内所有结点距离最佳位置的平均最小距离 $f(D,r)$ 与参数 a 的乘积的表达式。需要确定参数 a

的值，考虑到 $r \times r$ 的区域内平均仅有一个结点时 (即 $D = 1$)，l_T 应为最大值 r 才能保证广播的可达率，为此 a 可由下式确定：

$$a = \frac{r}{f(1, r)} \tag{4.18}$$

结合式 (4.16)，可得

$$l_T = \frac{r}{f(1, r)} \cdot f(D, r) \tag{4.19}$$

由式 (4.15) 知 $f(1, r) = 0.395$，将其代入式 (4.18) 可得 a 等于 2.5316。如图 4.7 以及表 4.2 所示，l_T 取 $f(D, r)$、$2f(D, r)$ 以及 $2.5316f(D, r)$ (即 a 取 1、2、2.5316) 时 EBP 算法的性能对比，仿真结果表明，a 等于 2.5316 时所确定的 l_T 是比较合理的，由于这时 EBP 算法的可达率最高。l_T 取较小的值时虽然可以降低转播率，但却不能保证广播的可达率，且不能保证网络中所有结点都可以收到广播分组。为此，在下面的仿真中，按照式 (4.19) 来确定 $l_T = 2.5316f(D, r)$。

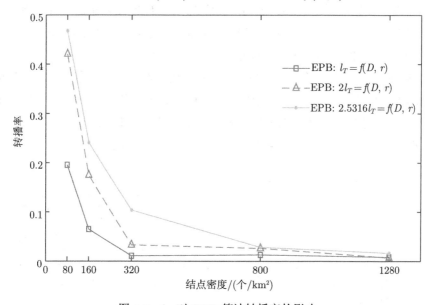

图 4.7 l_T 对 EBP 算法转播率的影响

考虑到距离很近的两个结点的转播会带来很低的转播率，定义 d_T 为相邻转播结点之间的距离门限。若 $d(j) \leqslant d_T$，结点 j 放弃对 P_S 的转播。接下来讨论距离门限 d_T 对 EBP 算法的影响，d_T 越大，转播率越小，但广播的覆盖率 (可达率) 就会越小。对于 d_T 的选择是一个折中的问题，在实际的网络中可依据网络的具体特点和场景要求来选择 d_T。对 EBP 算法在一个由 180 个结点组成的 WSN 进行仿真，仿真中 d_T 分别取 $0.36r$、$0.48r$ 及 $0.6r$。当 $d_T = 0.6r$ 时，EBP 算法的转播率为 0.087，而可达率却为 0.976；当 $d_T = 0.48r$ 时，EBP 算法的转播率为 0.0895，可达率为 0.988；当 $d_T = 0.36r$ 时，EBP 算法的转播率和可达率分别为 0.103 与 0.995。可以看出 d_T 等于 $0.36r$ 时 EBP 算法的可达率最高，在下面仿真中取 $d_T = 0.36r$。

表 4.2　l_T 对 EBP 算法可达率的影响

l_T	可达率				
	$D = 5$	$D = 10$	$D = 20$	$D = 50$	$D = 80$
$f(D, r)$	1	0.83516	0.68508	0.85584	0.86546
$2f(D, r)$	1	1	0.97790	1	0.99447
$2.5316f(D, r)$	1	1	0.99447	1	1

2. α 和 β 对 EBP 算法的性能影响

当结点第一次收到广播分组时，结点会进行一个时间长度为 $D(j)$ 的自延时，$D(j)$ 由式 (4.17) 给出，可以看出在综合考虑位置和剩余电能的过程中，$D(j)$ 主要受 α 和 β 两个因子的影响。α 和 β 不仅影响 $D(j)$ 的取值，更影响 EBP 算法的性能。考虑 α 与 β 的和为 1，β 等于 $1 - \alpha$，因此通过在仿真中为 α 取不同的值，研究 α 和 β 对 EBP 算法性能的影响。如图 4.8 和图 4.9 所示，分别给出 α 取不同的值时 EBP 算法的可达率、转播率以及网络寿命，可以看到 α 越大，转播率越低，而在 $\alpha=0.9$ 时，网络寿命最大，综合各项指标在后面的仿真中取 $\alpha=0.9$，$\beta=0.1$。

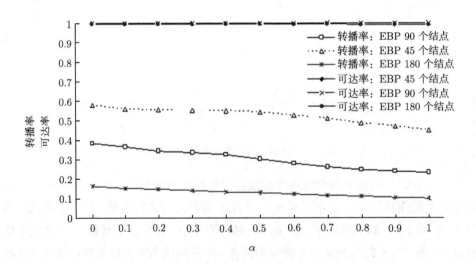

图 4.8　EBP 算法的可达率与转播率随 α 变化的曲线

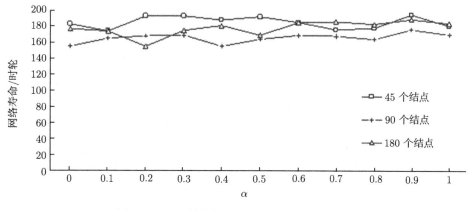

图 4.9　EBP 算法的网络寿命随 α 变化的曲线

3. EBP 算法与其他广播算法性能对比

固定仿真区域为 $750m \times 750m$，分别将 45、90、180、450、720 等不同数目的结点随机地散布在仿真区域上，进而得到不同的网络结点密度。如图 4.10 和图 4.11 所示，给出了不同结点密度下不同广播算法的转播率和最大端到端时延。可以看出在各种不同的环境下，SF 算法的转播率最高，而 EBP 算法的转播率最低，且随结点密度的增加，EBP 算法的转播率在减小，表明了该算法在高密度网络中的良好性能。

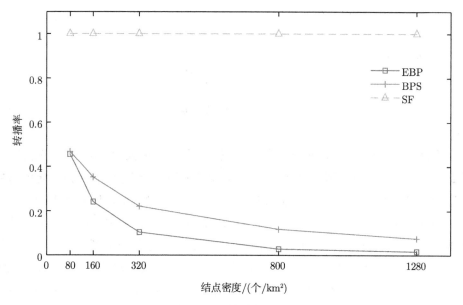

图 4.10　转播率对比

仿真中对简单泛洪 SF 机制进行了一定的修改,当结点第一次收到广播分组时,结点进行一个最大为 0.14s 的随机时延,时延结束后再将广播分组转播出去。这种策略减小了传统泛洪机制中存在的冲突问题,能在一定程度上缓解广播风暴问题。如图 4.11 所示,EBP 算法具有比 BPS 算法更小的最大端到端时延,SF 算法具有最小的最大端到端时延。对于可达率,在结点密度从 80 个/km² 到 1280 个/km² 变化的过程中,EBP 算法、BPS 算法、SF 算法三种广播算法均获得大于 0.99 的可达率。综上所述,与其他两种算法比较,EBP 算法大大减小了一次广播中的转播次数和广播开销,尤其是在大规模网络中,结点密度越大,EBP 算法节省的转播次数就越多,其性能也越好,EBP 算法适用于大规模高密度的网络场景。

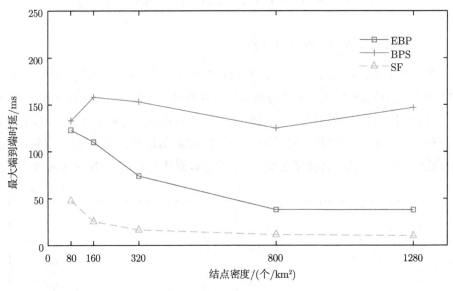

图 4.11　最大端到端时延对比

在网络初始化结束时,网络中每个结点具有相同的最大初始化能量 (电能),结点每发送一个分组或收到一个分组,其剩余电能就减少一部分,当结点的电能消耗完时,该结点就"死亡"了。一般而言,结点发送分组消耗的电能远远大于接收相同大小的分组所消耗的电能。为了延长网络寿命,广播过程中应尽量减少转播的次数。仿真中将每个结点的初始电能设为 1J,结点的电量消耗模型采用 Doshi 等 (2002) 文献给出的模型。如图 4.12 所示为 EBP 算法、BPS 算法以及 SF 算法三种算法在广播中的网络寿命,单位为时轮。可以看到 EBP 算法在广播过程中具有最大的网络寿命,SF 算法在广播过程中,结点"死亡"现象出现得最早。

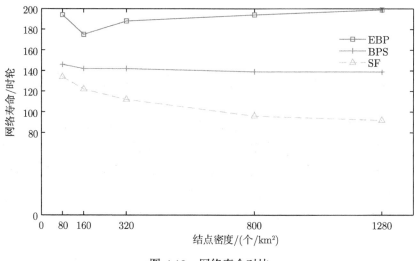

图 4.12 网络寿命对比

4.5 本章小结

本章首先对无线传感器网络广播中结点的转播行为进行了分析,对结点转播之后其邻域内其他结点的转播,即引发新转播进行了讨论,得出了最佳新转播次数为 2 的结论,在此基础上对引发新转播结点的位置进行了计算。接下来,对一个结点的邻域内所有结点到达邻域边界的平均最小距离进行深入分析。基于以上分析得到的结果,提出了一种适用于无线传感器网络的 EBP 广播算法,利用邻域内结点距离邻域边界的平均最小距离限制转播冗余。EBP 算法不需要任何邻结点信息,算法的控制开销和存储开销大大降低。最后,对算法性能进行了分析,仿真与分析结果表明,EBP 算法是一种适用于无线传感器网络的具有低存储开销、低计算开销和良好扩展性的节能的广播算法。

第5章　大规模高密度无线多跳网络的广播机制

当前先进的无线通信和微电子技术促进了诸如无线 Ad hoc 网络、无线传感器网络以及无线 Mesh 网络等无线多跳网络的发展。无线多跳网络的一些典型应用，如紧急情况报告、结点将自己测得的数据与其他结点共享以及快速在全网中寻找一条或多条到达某一目的结点的路由等，均需要通过广播来实现。尤其在大规模高密度的无线多跳网络中，高效的广播机制会减小网络中存在的大量的冗余转播和能量消耗。

本章对大规模高密度的无线多跳网络中的广播机制进行研究。首先，从进一步减小转播冗余的角度上，提出了将结点的度应用于顶点转播策略中的思想。在此基础上，针对大规模高密度能耗受限的无线多跳网络的特点提出了最少冗余广播算法 (least redundancy broadcast algorithm, LRBA)，给出了算法的详细描述。接着，对提出的广播算法的性能进行了理论分析，得出了顶点转播策略的最大最小转播率。最后，设计了大量的仿真场景对广播算法的性能进行了分析与验证。

5.1　结点的度在顶点转播策略中的应用

由第 4 章对引发新转播次数的分析可知，当每个转播结点 j 按照如图 5.1 所示的方式选取两个新转播结点 $I_1(j)$ 和 $I_2(j)$ 时，广播分组在网络中沿正六边形的边进行传递。可以看到这种广播策略将所有网络区域用多个相同的相互邻接的正六边形连起来，源结点位于其中一个六边形的顶点，理想情况下，位于六边形的顶点结点最适合充当转播结点，广播分组沿着正六边形的边进行传递，直到覆盖网络中所有的结点。任意位于六边形内的结点都可以被该六边形的某个顶点覆盖。该策略仅让处于顶点位置的结点转播，可以达到以最少的转播次数覆盖整个区域的目的，将这种广播策略称为顶点转播策略。

理想情况下，即在可以随意安排网络中结点位置的条件下，顶点转播策略仅让处于顶点位置的结点转播，可以获得最高的广播效率 (Zhao et al., 2012b)。然而在实际网络中，顶点处不一定有结点，这时可以采用自延时的策略选择距离顶点最近的结点充当转播结点。自延时机制给距离顶点位置最小的结点设置最小的延时，而给距离顶点较远的结点设置较大的延时,这种机制能够在一定程度上反映顶点转播策略的思想,减小转播冗余,保证让离顶点最近、转播效率高的结点优先转播,但是不能阻止自延时超时后其他转播效率低下的结点进行转播。

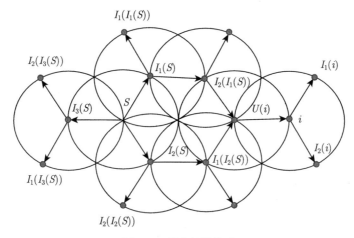

图 5.1 顶点转播策略

第 4 章中已经意识到了这个问题,EBP 算法中通过设置距离门限阻止距离过近的两个结点的转播,通过门限 l_T 来限制网络中有资格进行转播的结点的区域,当结点距离各顶点的最小距离大于 l_T 时,该结点放弃转播。EBP 算法对效率低下转播限制的策略,在一定程度上减小了冗余转播。

本章在 EBP 算法的基础上进一步减小冗余转播,提出了 LRBA。该算法基于顶点转播策略,用结点的度,即未收到广播分组的邻结点数来表征结点的转播效率。结点的度准确地反映了结点对广播分组进行转播的效率和意义,结点的度越大,转播的必要性也就越大,相反当结点的度低于某一门限值时,其转播就没有意义了。未收到广播分组的邻结点数随其他结点的转播而减小,是时间的减函数。依据结点的度的特点,将其与自延时机制结合起来,为距离顶点位置最近、电能充足且转播效率高的结点设置较小的时延,为距离顶点较远或电能较小的结点设置较大的延时,这样顶点附近的结点会快速转播,由于这些结点具有大的度,它的转播会快速覆盖很多的结点。而距离顶点较远或电能较小的结点要等待较长的时间才能转播,在距离顶点较远或电能较小的结点等待的过程中,它们的度会因顶点附近结点的转播而减小,结点的度随时间增加是递减的,长的时延会使结点的度减小。在此过程中,结点的度准确地记录了结点转播效率随时间延伸而降低的事实。在转播时延超时之前，若结点的度或者转播效率小于某一门限值时，该结点放弃转播。这种用结点的度表征结点转播效率的机制可保证网络中所有转播结点转播带来的新增覆盖结点数不低于某一特定的值，达到提高广播效率和减小转播冗余的目的。高效的广播机制应该在保证广播覆盖率的条件下，最大限度地减小一次广播中的转播次数或者减小转播率，这对大规模高密度的无线多跳网络尤为重要。

5.2　最少冗余广播算法

无线多跳网络可以用图 $G(V,E)$ 表示，V 是网络中所有结点的集合，E 是所有链路的集合。假设每个结点天线覆盖区域的半径是相等的，所有链路都是双向的，且 $G(V,E)$ 是全连通的。对于网络中任意结点 i，做以下定义。

S：在网络中触发广播的结点；

p：结点 S 广播出去的一个广播分组；

r：一个结点覆盖范围的半径；

t：结点的本地时间，任意结点第一次收到广播分组 p 时，初始化其本地时间 $t=0$；

$e(i,t)$：t 时刻结点 i 的剩余电能；

$\mathrm{nb}(i)$：可以直接与结点 i 通信的结点，也就是其一跳邻结点；

$\mathrm{NB}(i)$：结点 i 的所有一跳邻结点的集合；

$\mathrm{UC}(i,t,p)$：未覆盖结点集，t 时刻结点 i 所有还未收到广播分组 p 的邻结点的集合，$\mathrm{UC}(i,t,p)$ 是 $\mathrm{NB}(i)$ 的一个子集；

$d(i,t,p)$：结点的度，指 t 时刻之前还未被广播分组 p 覆盖的结点 i 的邻结点的个数，即集合 $\mathrm{UC}(i,t,p)$ 内元素的个数。$d(i,t,p)$ 反映了结点 i 在 t 时刻转播广播分组 p 的转播效率，$d(i,t,p)$ 越大，结点 i 的转播效率就越高，相反当 $d(i,t,p)$ 小于某值时，结点 i 对广播分组 p 的转播就没有意义了，这时结点的转播就是冗余且不必要的转播。为了能够准确估算结点的转播效率，结点为每个广播分组均维持动态的度；

d_T：限制转播效率低下的结点进行转播，当 $d(i,t,p)\leqslant d_T$ 时，结点 i 放弃对 p 的转播；

$D(i,p)$：自延时，结点 i 在第一次收到广播分组 p 时，依据本地信息对其转播进行的延时，且 $0\leqslant t\leqslant D(i,p)$；

$u(i,t,p)$：结点 i 的一个上游转播结点，结点 i 在 t 时刻收到了其邻结点发来

的广播分组 p，则此邻结点为 $u(i,t,p)$。在 $0 \leqslant t \leqslant D(i,p)$ 的时间内，结点 i 可能收到多个来自不同结点的相同的广播分组 p；

$U(i,t,p)$：t 时刻之前，对于广播分组 p，结点 i 的所有上游转播结点的集合。在 t 时刻之前，结点 i 可能收到来自多个不同的结点对 p 的转播；

$l(i,t,p)$：t 时刻结点 i 到上游转播结点 $u(i,0,p)$ 的邻域的最佳位置的最小距离；

l_T：用于限制准转播结点所在区域，当结点距离最佳位置的最小距离 $l(i,t,p)$ 大于 l_T 时，结点 i 放弃对 p 的转播。

5.2.1   延时设计

LRBA 基于自延时的思想，将转播冗余缩减至最小。由顶点转播策略可得，应该让距离顶点最近的结点充当转播结点，为了避免顶点附近结点因频繁进行转播而过早耗完电能，选择电能充足的距离顶点最近的结点。为此结点的自延时 $D(i,p)$ 取决于 $l(i,t,p)$ 与 $e(i,t)$，由于在结点第一次收到广播分组 p，即 $t=0$ 时，就要计算出自延时来决定延时长度，因此用 $l(i,0,p)$ 与 $e(i,0)$ 来计算 $D(i,p)$。下面给出两种 $D(i,p)$ 的计算式：

$$D(i,p) = D_m \left(\alpha \cdot \frac{l(i,0,p)}{r} + \beta \cdot \frac{[E_m - e(i,0)]}{E_m - E_T} \right) \tag{5.1}$$

$$D(i,p) = D_m \left(\alpha \cdot \frac{l(i,0,p)}{r} + \beta \cdot \frac{l(i,0,p)}{r} \cdot \frac{[E_m - e(i,0)]}{E_m - E_T} \right) \tag{5.2}$$

其中，D_m 是最大时延；α 与 β 是两个大于零且小于 1 的参数，且 α 与 β 的和等于 1，其具体取值将在后面进行讨论；E_m 为每个结点的初始最大电能；E_T 是电能门限，当结点电能低于该门限时，结点的电能就快耗尽了。

可以看出，在 α 与 β 不变的条件下，式 (5.2) 比式 (5.1) 更多地考虑了结点相对于最佳位置的最小距离 $l(i,0,p)$ 对转播的影响。而在自延时 $D(i,p)$ 中，结点相对于最佳位置的最小距离反映的是结点的转播效率，距离最佳位置越近，结点的转播效率也就越高。将分别采用式 (5.1) 和式 (5.2) 时对应的算法记为 LRBA1 和 LRBA2，在 5.3 节将会对这两种策略进行对比分析。

5.2.2   算法描述

LRBA 以获取最低转播率为目的，是一种基于结点的度与顶点转播策略相结合的广播算法。顶点转播策略以最少结点转播去覆盖网络所有结点为出发点来选择转播结点, 而用结点的度表征结点的转播效率, 算法通过限制转播效率低下的结点的转播进一步降低转播率。

广播分组里包含一个 L 域和一个 U 域, 结点在转播该分组时, 将自己位置及其第一个上游转播结点位置分别填入 L 域和 U 域。

广播分组 p 在网络中散布的过程中, 任意结点 $i \in (V - \{S\})$ 首先初始化参数: $j = -1$; $U(i, 0, p) = \varnothing$; $\mathrm{UC}(i, 0, p) = \mathrm{NB}(i)$ (j 表示结点重复收到该分组的次数)。然后结点 i 执行以下算法流程。

(1) 检查是否收到广播分组 p: 若收到 p, 执行第 (2) 步; 若没有收到广播分组 p, 则检查 j 是否小于 0。若 $j < 0$, 结点处于空闲状态, 继续执行第 (1) 步; 否则, 转到第 (10) 步。

(2) 收到广播分组 p 后, 确定 p 是否为一个新分组。如果是, 则令 $j = 0$, 执行第 (3) 步。如果该结点已经收到过该分组, 检查结点 i 是否对 p 转播过, 如果是, 放弃转播并执行第 (11) 步; 否则, $j = j + 1$, 执行第 (5) 步。

(3) 初始化本地时间: $t = 0$。检查该结点的剩余电能, 如果 $e(i, 0) < E_T$, 说明该结点能量很小, 处于危险状态, 放弃对 p 的转播, 执行第 (11) 步。

(4) 由广播分组 p 获取结点 i 的第一个上游转播结点 $u(i, 0, p)$, 计算结点 i 到 $u(i, 0, p)$ 的邻域的最佳位置的最小距离 $l(i, 0, p)$, 若 $l(i, 0, p) > l_T$, 结点 i 放弃对 p 的转播, 执行第 (11) 步。

(5) 令 $t_j = t$, 从收到的广播分组中提取结点 i 的上游转播结点 $u(i, t_j, p)$, 并将 $u(i, t_j, p)$ 添加到 $U(i, t_j, p)$ 中, $u(i, t_j, p)$ 是结点 i 的第 $j+1$ 个上游转播结点。

(6) 从广播分组 p 的 L 域和 U 域分别获取 $u(i, t_j, p)$ 和 $u(u(i, t_j, p), 0, p)$ 的位置, 其中 $u(u(i, t_j, p), 0, p)$ 是 $u(i, t_j, p)$ 的第一个上游转播结点。由 $u(u(i, t_j, p), 0, p)$ 和 $u(i, t_j, p)$ 的位置计算这两个结点各自的覆盖范围 $C_{u(u(i, t_j, p), 0, p)}$ 与 $C_{u(i, t_j, p)}$, 如图 5.2 中的两个阴影区域。然后结点 i 对 $\mathrm{UC}(i, t, p)$ 进行更新, 将 $\mathrm{UC}(i, t, p)$ 内处于 $C_{u(u(i, t_j, p), 0, p)}$ 与 $C_{u(i, t_j, p)}$ 区域内的结点从 $\mathrm{UC}(i, t, p)$ 中删除, 用 $\mathrm{UC}(i, t_j, p)$ 表示更新后的未覆盖结点集。基于更新后得到的 $\mathrm{UC}(i, t_j, p)$, 结点 i 可以获得最新的度 $d(i, t_j, p)$, 如图 5.2 所示, $d(i, t_j, p)$ 为 4。可以看到, 结点 i 每收到一个重复的广播分组 p 就将 j 加 1, 而 $d(i, t_j, p)$ 却随着 j 的增加而减小。

(7) 若 $d(i, t_j, p) \leqslant d_T$, 结点 i 放弃对 p 的转播, 执行第 (11) 步。

(8) 若 $j > 0$, 即结点并非第一次收到广播分组 p, 则执行第 (10) 步。

(9) 结点 i 依据本地的电能及位置信息按照式 (5.1) 或式 (5.2) 对 p 的转播进行延时。

(10) 检查当前时间，若 $t < D(i, p)$，执行第 (1) 步；否则结点 i 修改广播分组 p 的包头，并将 p 转播给其所有邻结点。

(11) 算法结束。

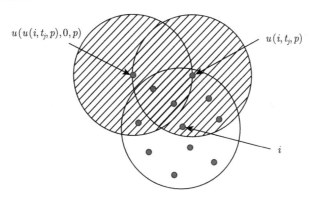

图 5.2　结点 i 收到来自 $u(i, t_j, p)$ 的广播分组 p 时对结点的度的更新

5.2.3　算法性能分析

在一次广播过程中，令

C：整个网络覆盖范围的面积；

D：网络中的结点密度，是 $r \times r$ 的正方形区域内的平均结点数；

y：网络中对广播分组进行了转播的结点的数目；

z：网络中所有结点的数目；

R：转播率，是转播结点的数目 y 与网络中结点的总数目 z 之比。

基于上述定义可得

$$R = \frac{y}{z} \tag{5.3}$$

$$z = C\frac{D}{r^2} \tag{5.4}$$

转播率反映了一个广播策略的效率，转播率越大，表示一次广播过程中参与转播的结点占全网结点的比例越大，进而转播次数越多，广播效率就越低。在大规模高密度的无线多跳网络中，获取最低的转播率是很重要的。令 R_{ideal} 与 R_{worst} 分别为 LRBA 在理想情况下和最坏情况下的转播率。

首先分析最小转播率 R_{ideal}，由上述式 (5.3) 和式 (5.4) 可得

$$R = \frac{yr^2}{CD} \tag{5.5}$$

对于一个给定的无线多跳网络，网络的覆盖面积 C、结点密度 D 以及结点覆盖范围的半径 r 均是确定的，但一次广播过程中参与转播的结点数 y 是不确定的。不同的广播策略会导致不同的转播次数，为此对于确定的网络，转播率 R 取决于一次广播过程中参与转播的结点数 y。当转播次数最小时，转播率就最小。理想条件下，LRBA 中每个结点对广播分组的转播仅带来两个新的转播结点，如图 5.1 所示，广播分组在网络中沿着相互邻接的正六边形到达网络中所有结点，转播进行仅发生在六边形的顶点处，这时参与转播的结点数最少。正六边形的边长等于结点覆盖范围的半径 r，网络中六边形的个数为 $\dfrac{2C}{3\sqrt{3}r^2}$。又由于参与转播的结点数 y 等于网络中六边形的顶点数，且每三个六边形共享一个顶点，令 y_{ideal} 为最小转播结点数，则有

$$y_{\text{ideal}} = 2 \cdot \frac{2C}{3\sqrt{3}r^2} \tag{5.6}$$

将式 (5.6) 代入式 (5.5) 可得

$$R_{\text{ideal}} = \frac{2r^2 \cdot \dfrac{2C}{3\sqrt{3}r^2}}{CD} \tag{5.7}$$

在大规模的网络中，网络覆盖面积 C 远大于一个正六边形的面积 $\dfrac{3\sqrt{3}r^2}{2}$，则

$$R_{\text{ideal}} \approx \frac{4}{3\sqrt{3}D} \tag{5.8}$$

由式 (5.8) 可以看出，理想条件下，LRBA 的最小转播率取决于结点密度。R_{ideal} 与结点密度 D 成反比，结点密度越大，转播率越小，转播冗余越少，算法的广播效率也就越高。这种特性使得 LRBA 特别适合于在大规模高密度的无线多跳网络中使用。

接下来分析最坏情况下 LRBA 的转播率，最坏情况发生在当能耗门限 E_T 与度门限 d_T 均等于零时。如图 5.3 所示，这时转播结点 i 的邻域内处于三个阴影区域 C_1、C_2 和 C_3 内的邻结点均会进行转播。这三个阴影区域中，C_1 和 C_2 是以结点 i 的两个最佳位置 I_1 和 I_2 为圆心，l_T 为半径的圆形区域与结点 i 的覆盖区域的交叠区域 (结点 i 的转播限制区域)，而 C_3 是 $u(i,t,p)$ 位于结点 i 附近的转播限制区域。因此最坏情况下，结点 i 的邻域内进行转播的结点所在最大区域为 $C_1 \bigcup C_2 \bigcup C_3$。

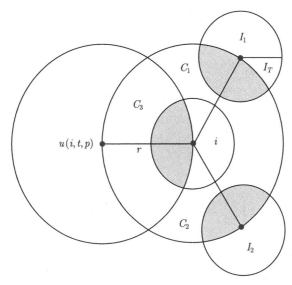

图 5.3 在结点 i 的邻域内, 仅有阴影区域内的 $\mathrm{nb}(i)$ 才有资格充当转播结点

分别用 A、$A_\cup$、$A_\cap^{1,2}$、$A_\cap^{1,3}$ 和 $A_\cap^{2,3}$ 表示区域 C_1、$C_1\bigcup C_2\bigcup C_3$、$C_1\bigcap C_2$、$C_1\bigcap C_3$ 和 $C_2\bigcap C_3$ 各自对应的面积。在结点密度均匀的条件下, 可以通过式 (5.9) 得到 LRBA 在最坏情况下的转播率:

$$R_{\mathrm{worst}} = \frac{A_\cup}{\pi r^2} \tag{5.9}$$

因为结点 i 的邻域内的三个扇形转播限制域 C_1、C_2 和 C_3 的半径均为 l_T, 它们的面积相等, 所以 C_2 和 C_3 的面积也等于 A。依据上述定义与分析, 可以得到 $C_1\bigcup C_2\bigcup C_3$ 的面积的表达式:

$$A_\cup = 3A - A_\cap^{1,2} - A_\cap^{1,3} - A_\cap^{2,3} \tag{5.10}$$

由 C_1、C_2 和 C_3 之间的位置关系可得 $C_1\bigcap C_3$ 和 $C_2\bigcap C_3$ 的面积相等, 即

$$A_\cap^{2,3} = A_\cap^{1,3} \tag{5.11}$$

综合式 (5.10) 与式 (5.11) 可得

$$A_\cup = 3A - 2A_\cap^{1,3} - A_\cap^{1,2} \tag{5.12}$$

接下来依据 C_1、C_2 和 C_3 之间的关系, 分别求式 (5.12) 中 C_1、$C_1\bigcap C_2$ 及 $C_1\bigcap C_3$ 各自的面积。单个转播限制域 C_1、C_2 或 C_3 的面积为

$$A = 2\int_0^{l_T} x\cos^{-1}\left(\frac{x}{2r}\right)\mathrm{d}x$$

$$= 2\left(\frac{x}{2} - \frac{(2r)^2}{4}\right)\cos^{-1}\left(\frac{x}{2r}\right) - \frac{x}{4}\sqrt{(2r)^2 - x^2}\,\Bigg|_0^{l_T}$$

进而有

$$A = \left(l_T^2 - 2r^2\right)\cos^{-1}\left(\frac{l_T}{2r}\right) - \frac{l_T}{2}\sqrt{4r^2 - l_T^2} + \pi r^2 \qquad (5.13)$$

$C_1 \bigcap C_2$ 的面积由式 (5.14) 给出:

$$A_\cap^{1,2} = \begin{cases} 0, & \left(0 \leqslant l_T \leqslant \dfrac{\sqrt{3}r}{2}\right) \\[2mm] 2\left[l_T^2\cos^{-1}\left(\dfrac{\sqrt{3}r}{2l_T}\right) - \dfrac{\sqrt{3}r}{2}\sqrt{l_T^2 - \dfrac{3r^2}{4}}\right], & \left(\dfrac{\sqrt{3}r}{2} < l_T \leqslant r\right) \end{cases} \qquad (5.14)$$

对于 $C_1 \bigcap C_3$ 的面积,

当 l_T 满足 $0 \leqslant l_T \leqslant (\sqrt{3} - 1)r$ 时,

$$A_\cap^{1,3} = 0 \qquad (5.15)$$

当 l_T 满足 $(\sqrt{3} - 1)r < l_T \leqslant r$ 时,

$$A_\cap^{1,3} = 2\int_{r\cos\phi}^{r}\sqrt{r^2 - x^2}\,\mathrm{d}x + 2\int_{l_T\cos\theta}^{l_T}\sqrt{l_T^2 - x^2}\,\mathrm{d}x \qquad (5.16)$$

其中,

$$\begin{cases} \cos\phi = (4r^2 - l_T^2)/2\sqrt{3}r^2 \\ \cos\theta = (2r^2 + l_T^2)/(2\sqrt{3}r \cdot l_T) \end{cases} \qquad (5.17)$$

由式 (5.12)~ 式 (5.17) 可得

$$R_{\text{worst}} = \begin{cases} \dfrac{3A}{\pi r^2}, & (0 \leqslant l_T \leqslant (\sqrt{3} - 1)r) \\[3mm] \dfrac{3A - 2A_\cap^{1,3}}{\pi r^2}, & \left((\sqrt{3} - 1)r < l_T \leqslant \dfrac{\sqrt{3}r}{2}\right) \\[3mm] \dfrac{3A - 2A_\cap^{1,3} - A_\cap^{1,2}}{\pi r^2}, & \left(\dfrac{\sqrt{3}r}{2} < l_T \leqslant r\right) \end{cases} \qquad (5.18)$$

可以看到 R_{worst} 主要取决于 l_T 与 r, R_{worst} 随 l_T 的增加而增加, 当 l_T 取最大值 r 时, 最坏情况下的 LRBA 转播率的最大值 $R_{\text{worst}} = 1$。LRBA 的最坏情况发生在能耗门限 E_T 与度门限 d_T 均等于零时, 这时算法的广播效率最低。式 (5.18) 给出了 l_T 取不同的值时 R_{worst} 的表达式, 体现了 LRBA 的最差性能。由上述分析计算得到的 R_{ideal} 与 R_{worst} 的具体数值见图 5.11 所示。

5.2.4 算法具体参数的选择

d_T 在 LRBA 中的应用大大地减小了转播冗余, 能够有效阻止转播效率低下的结点的转播, 当结点的度小于 d_T, 结点将放弃转播。令 d_m 为结点度的最大值, 如图 5.4 所示为 d_T 与 d_m 的比值从 0.1 到 0.5 之间变化时, 仿真得到的 LRBA 的性能, 仿真中自延时参数 α 与 β 分别取为 0.7 和 0.3。可以看到 LRBA 的可达率与转播率均随 d_T/d_m 的增加而减小, 这是由于 d_T 越大, 转播率越小, 进而广播的可达率也就降低了。为了获得令人满意的可达率, 在下面的仿真中令 $d_T = 0.1d_m$。

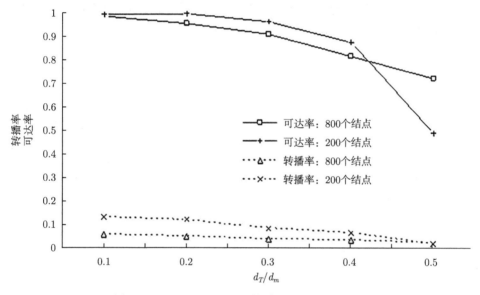

图 5.4 d_T/d_m 对 LRBA 转播率与可达率的影响

5.3 仿真与数值分析

本节设计了大量的仿真场景, 对 LRBA 的有效性进行了验证。网络中的结点被随机地放置在平面上, 业务源为泊松源, 每个数据分组的大小为 1024 bits, 分组平均达到率为 2 分组/s。LRBA 中, 最大转播时延 D_m 设为 0.14s, 结点的初始最大电能 E_m 取 1J, 能量门限 $E_T = E_m/50$, 自延时参数 α 与 β 分别取为 0.9 和 0.1, 度门限 $d_T = 0.1d_m$。MAC 层协议采用 IEEE 802.11, 结点覆盖范围的半径 r 为 250m。本节主要讨论在不同的网络规模、网络结点密度下, LRBA 的性能以及与其他算法的对比, 主要考察了广播机制的转播率、可达率 (广播覆盖率)、最大端到端时延以及网络寿命。

5.3.1　大规模网络中 LRBA 性能

在大规模无线多跳网络中，要求广播算法能够适应结点数量很大的场景，广播算法如果不能随着结点数目的增加为网络带来快速增加的带宽和能耗开销，最终将导致网络性能恶化。为此，设计了不同规模的网络场景，并在这些场景下对 LRBA、BPS 算法、SF 算法三种广播算法适应大规模网络的能力进行了比较。如图 5.5 和图 5.6 所示，分别给出了这三种算法的转播率、可达率以及最大端到端时延随网络规模变化的对比曲线，可以看出在不同网络规模下，LRBA 具有最小的转播率，且可以获得高的可达率及较小的最大端到端时延。并且网络规模越大，LRBA 可以节省的冗余转播就越多。

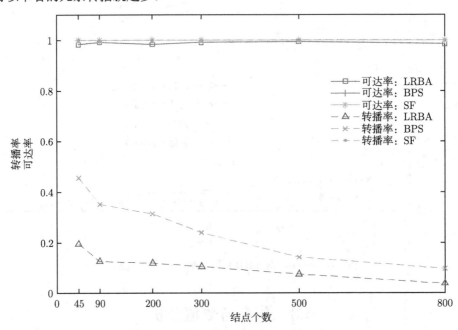

图 5.5　网络规模对转播率及可达率的影响

接着，对广播算法的网络寿命进行仿真研究。一开始网络中每个结点具有相同的最大初始化能量 (电能)，结点每发送一个分组或收到一个分组，其剩余电能就减小一部分，当结点的电能消耗完时，该结点就 "死亡" 了。如图 5.7 所示，给出了 800 个结点组成的网络中执行不同广播算法时各自网络中剩余结点的数量随时间变化的曲线。可以看出，使用 LRBA 时，网络中第一个结点 "死亡" 发生在 82.9s，而使用 BPS 算法和 SF 算法时，第一个结点 "死亡" 分别发生在 73.3s 和 49.3s。LRBA 中结点 "死亡" 的速率是最小的，而 SF 算法具有最大的 "死亡" 速率。SF 算法中从 49.3s 到 54.08s 共有 720 个结点因电能耗尽而"死亡"。很明显 LRBA 可以有效延长网络寿命。上述仿真中 LRBA 采用的是第一种实现方式 LRBA1。

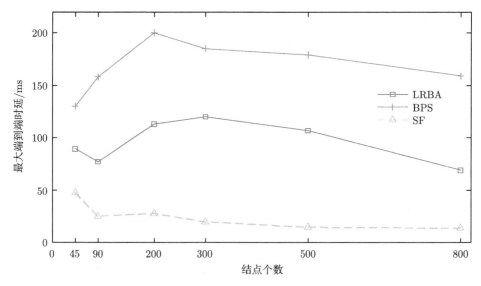

图 5.6　网络规模对最大端到端时延的影响

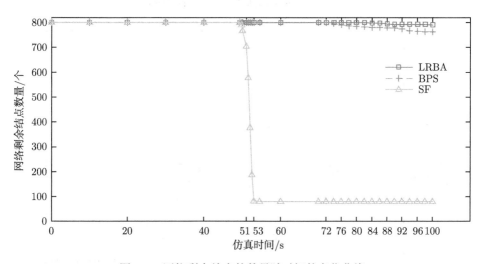

图 5.7　网络剩余结点的数量随时间的变化曲线

5.3.2　自延时对广播算法性能影响分析

本章给出了两种计算自延时的方法，为了研究这两种自延时策略的性能，对 LRBA1 和 LRBA2 性能进行了仿真对比。如图 5.8～ 图 5.10 所示，分别给出了自

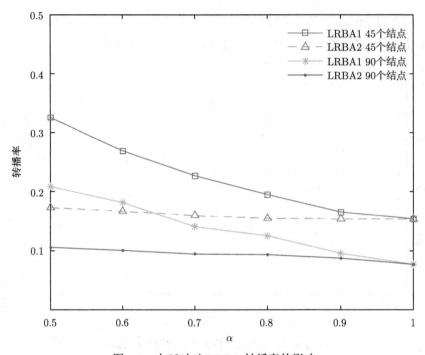

图 5.8   自延时对 LRBA 转播率的影响

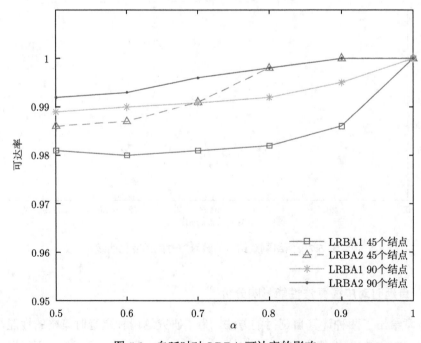

图 5.9   自延时对 LRBA 可达率的影响

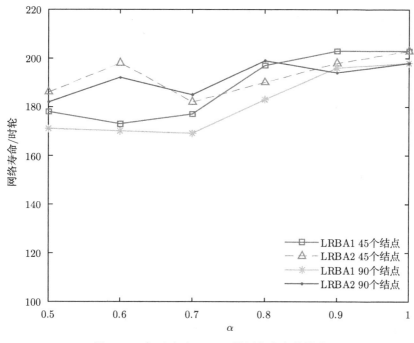

图 5.10　自延时对 LRBA 的网络寿命的影响

延时参数 α 取不同的值时，LRBA1 和 LRBA2 各自的转播率、可达率以及网络寿命。由于在自延时中给 $l(i,0,p)$ 设置了较大的权重，在 α 小于 1 的情况下，LRBA2 能够获得比 LRBA1 更小的转播率。$\alpha=1$ 时，LRBA1 和 LRBA2 具有相同的性能，这是由于当 $\alpha=1$ 时，式 (5.1) 与式 (5.2) 给出的自延时相等，这时 LRBA1 与 LRBA2 变成了两个完全相同的算法。图 5.8 和图 5.10 中还可以看到，LRBA1 和 LRBA2 的转播率均随参数 α 的增加而减小，而在 $\alpha=0.9$ 时网络寿命最大。图 5.9 可以看出，LRBA 的可达率随参数 α 的增加而增加，且 LRBA2 比 LRBA1 的可达率高。图 5.10 给出的结果显示大多数情况下，LRBA2 具有比 LRBA1 更长的网络寿命。综上所述，在参数 $\alpha(\alpha<1)$ 确定的条件下，LRBA2 比 LRBA1 具有更小的转播率、更大的可达率，采用式 (5.2) 的自延时，LRBA2 能够获得较好的性能。

5.3.3　高密度网络中广播算法性能分析

下面将 LRBA 与 EBP 算法、BPS 算法、SF 算法的性能进行对比。将不同数目的结点放在相同大小的仿真区域内，以获得不同结点密度的仿真场景。如图 5.11 所示，给出各种不同的广播算法随结点密度变化时的转播率，由于 SF 算法中每个结点第一次收到广播分组都会对该分组进行转播，SF 算法的转播率为 1，为此

图 5.11 中没有给出 SF 算法的转播率曲线。可以看到在相同条件下 LRBA 总会获得比 EBP 算法、BPS 算法以及 SF 算法都要小的转播率，与上述分析一致，LRBA2 的性能最好。

如图 5.11 所示，还给出了 LRBA 广播算法的理论最小转播率 R_{ideal} 和理论最大转播率 R_{worst}。其中 R_{ideal} 由式 (5.8) 计算得到，R_{worst} 由式 (5.18) 计算得到。图 5.11 中给出的理论值与仿真值之间的对比，验证了 5.2.3 节对转播率的理论分析的正确性。

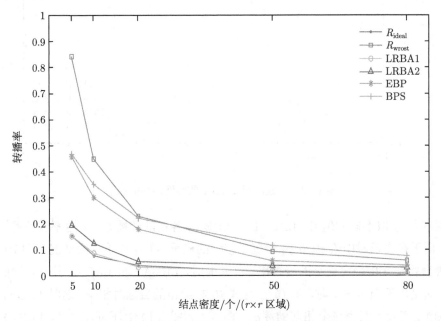

图 5.11　不同算法之间转播率对比，理论值与仿真结果对比

如图 5.12 所示的各广播算法的广播可达率的曲线中可以看到，各种算法的可达率均在 0.97 以上，LRBA 获得了与 SF 算法一样高的广播覆盖率。图 5.13 给出了不同广播算法的最大端到端时延，可以看出 LRBA 的最大端到端时延总小于 EBP 算法和 BPS 算法，SF 算法获得最小的端到端时延。

如图 5.13 所示，LRBA 及 EBP 算法的最大端到端时延随结点密度增加而减小，这是由于仿真中不同结点密度对应的仿真区域大小相同，结点密度越大，广播过程就越接近于图 5.1 所示的理想顶点转播，网络最大端到端的跳数越少，进而最大端到端时延就越小。

如图 5.14 所示，给出了各种广播算法在结点密度增加的过程中网络寿命的对比曲线，与常理一致，由于 SF 算法具有最大的转播率，它的网络寿命最小。LRBA

由于转播率最小, 在广播中消耗的能耗就最少, 因此网络寿命最长。综上所述, 与 EBP 算法、BPS 算法以及广泛采用的传统广播算法 SF 算法相比, LRBA 能够在维持高广播可达率的同时获得最小的转播率与最长的网络寿命, 尤其是在大规模高密度的网络中性能最好。对于能耗受限的无线多跳网络, LRBA 的低转播率以及在广播过程中选择转播结点时对结点能量平衡的考虑, 使得该广播算法能够大大延长网络寿命, 提高网络性能。

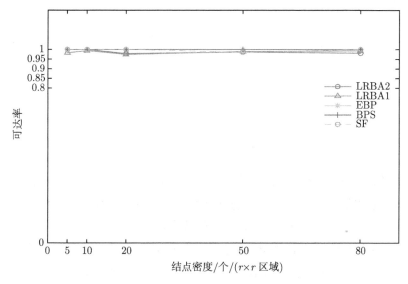

图 5.12 广播可达率 (覆盖率) 对比

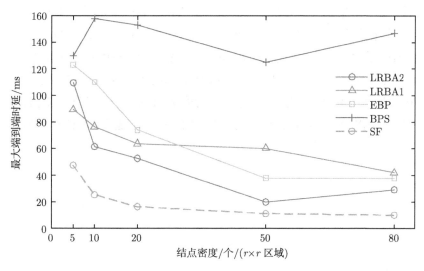

图 5.13 最大端到端时延对比

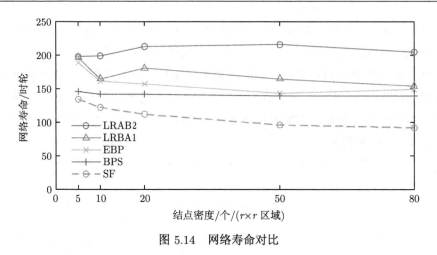

图 5.14　网络寿命对比

5.4　本章小结

本章对大规模高密度的无线多跳网络中的广播机制进行研究。首先，从进一步减小转播冗余的角度上，提出了将结点的度应用于顶点转播策略中的思想。在此基础上，针对大规模高密度的无线多跳网络的特点提出了 LRBA，给出了算法的详细描述。接着对提出的广播算法的性能进行了理论分析，得出了算法的最大最小转播率，并且网络结点密度越高，LRBA 的转播率就越低。最后，设计了大量的仿真场景对 LRBA 的性能进行了分析，仿真验证了基于顶点转播策略的转播率理论分析的正确性，仿真结果表明，LRBA 对于网络结点密度和网络规模有很好的扩展性。

EBP 广播算法不需要任何邻结点信息就可以高效完成广播，算法的控制开销和存储开销大大降低，EBP 广播协议简单有效，适用于结点内存和处理能力均比较小的无线传感器网络。而对于 LRBA，尽管它的存储和计算开销要稍大于 EBP 算法，但它能获得比 EBP 算法及其他算法更低的转播率和更长的网络寿命，特别适用于大规模、高密度且结点具有较好处理能力的无线多跳网络，如无线 Mesh 网。

第6章　定向传输在无线多跳网络中的应用

智能天线 (smart antennas) 最初应用于雷达等军事电子系统，主要用来完成空间滤波和定位，目前该技术是 3G 和 4G 移动通信的核心技术，对未来移动通信的发展起着关键性的作用。智能天线技术在移动通信中的成功应用要归结为它能给网络带来容量提升。智能天线采用天线阵，使得能在其扇区域内形成多个波束，波束的数目是天线阵几何排列的函数。由于智能天线能在抑制不希望的干扰同时将其辐射方向对准预期对象，使基站或其他装有该天线的设备的覆盖域加大。更重要的是，智能天线有很强的抗干扰能力，使其信道获得较低的误码率 (bit error rate, BER)，从而起到大大提高无线移动通信网络容量的作用。

近几年来，由于无线多跳网络自身的特点以及其相关研究课题的挑战性，人们对它的研究呈现出浓厚的兴趣。尽管有很多的人力和物力投入在无线多跳网络研究上，但一些问题仍然不能得到解决，如无线多跳网络容量很有限、存在可通性问题、易于被干扰和窃听。为了解决这些问题，人们在媒质接入、网络层以及传送层提出各种改进，这些努力的确产生了一些积极作用，但并不能从根本上解决该网络存在的各种问题。人们发现无线多跳网络的容量提高受到一些其自身制约因素的限制，其根本制约在于分组传输端到端跳数与每跳的空间复用之间的紧张关系。也就是说，如果想减小端到端传输的跳数，就必须增加每一跳的传输距离，这样就会减小网络容量 (Gupta et al., 2000)。造成这种网络容量限制的一个主要原因是传统的无线多跳网络物理层使用全向天线进行数据发送和接收。全向天线在进行数据收发时，天线功率在各个方向都是相同的，也就是说在期望的方向 (通信对方结点所在方向) 有一定的功率，而在其他没有通信目标的方向也有相同的功率。这种全向传输不仅给周围其他结点通信带来干扰，而且由于天线功率全向散布，天线在期望方向的功率就不能足够大，进而减小了一跳的距离。

智能天线在蜂窝通信基站中的成功应用 (Liberti et al., 1999)，启发人们将这种灵活的技术也应用于无线多跳网络中。在无线多跳网络中使用智能天线的定向传输能克服全向天线所带来的种种不足，通过空间再用和增加传输距离使网络性能得到提升。这几年来智能天线技术发展迅速，为无线多跳网络容量限制问题提供了及时而又独特的解决方案。

6.1　智能天线技术

无线电天线的作用 (Ramanathan et al., 2005) 是将信号功率从一种媒质耦合到另一种媒质。传统的基站、无线 Ad hoc 网络结点及其他无线移动设备中使用的是全向天线，它在所有方向以等值的比率发射和接收信号功率。而智能天线却有特定的接收和发射方向，即定向天线能在一个方向接收或发射比其他方向更多的信号能量。也就是说，智能天线对信号的收发是可以有方向性的，而不像全向天线那样在所有方向盲目收发：在接收某一信号时，不管是不是期望的信号都被全向地接收进来，不可避免地带来干扰；在向一结点发送信号时，不管需不需要周围其他邻结点，也都会收到该信号，这样就会给邻结点带来干扰。因此智能天线的方向性收发对改进无线多跳网络性能有重要的作用。

天线的方向性主要取决于天线增益，增益越高，天线的方向性就越强。下面给出了天线在某一方向的增益 $G(d)$ 的定义式 (Liberti et al., 1999)：

$$G(d) = \eta \frac{U(d)}{U_{\mathrm{ave}}} \tag{6.1}$$

其中，d 表示特定的方向值，$d = (\theta, \phi)$；$U(d)$ 是在方向 d 上的信号功率密度；U_{ave} 是所有方向上信号功率密度的平均值；η 是天线的效率因子。

增益是天线在方向 d 上的功率与全向天线在该方向上的功率之比，这也正说明了增益越大，天线的方向性就越强。而峰值增益指天线在各个方向增益的最大值，一般当天线增益只给出一个值时，该值表示的是天线的峰值增益。天线方向图是描述天线在空间各个方向的增益的图，常被画成水平平面和铅垂平面的投影图，一般具有一个表示峰值增益的主瓣和一些表示较小增益的旁瓣。

智能天线一般可以被分为两类 (Liberti et al., 1999)，即波束切换天线系统和波束控制天线系统。在波束切换天线系统中，通过将每个振子相位改变某一预定的量，使其形成多个固定的波束，这样收发器就可以从这几个固定的波束中选择一个或多个波束进行信号的收发。切换式波束天线虽然能使空间再用度得到提高，但它不能跟踪移动的结点，因为当结点移动到天线的波束间的位置时，天线的增益很小，无法对这时的结点进行有效通信。波束控制天线系统能将其主瓣根据需要指向任何方位，它利用接收到的来自目标的信号所带的信息，使用到达角 (direction-of-arrival, DOA) 估计技术来实现这种方向定位机制。波束控制天线系统的动态相位天线阵 (dynamic arrays) 能将对准目标方位的增益最大化，使天线方向性增强；而

其自适应天线阵 (adaptive arrays) 可使非目标方向的增益最小化,尽可能减小对非目标方向源的干扰。

以下把波束切换天线和波束控制天线统称为定向天线。

6.2 采用定向天线的无线多跳网络协议机制

总地来讲,定向天线将会给无线网络带来比全向天线更多的益处 (Ramanathan, 2001)。定向天线将信号能量仅集中在目标方向,能提高网络空间复用的潜力,并且将天线的射程也就是一跳传输距离延长。而空间复用度的增加和天线射程的变长将意味着可同时进行更多个传输且一个端到端的传输所需的跳数更少,因此空间复用度和天线射程的增加使得无线网络的系统容量得到提升。再者,更远的一跳射程能增加网络的连通性。在无线多跳网络中使用定向天线的另一个好处是,由于进行通信时将信号能量集中在相比全向天线更小的范围内,这样就使信道被偷听和恶意干扰的概率大大降低,所以使用定向天线的无线多跳网络的保密性和抗干扰性显著地优于传统全向天线的无线 Ad hoc 网络。

由于传统的无线多跳网络物理层采用全向天线,目前的无线多跳网络协议体系结构的各层都是基于全向天线而设计的。因此要想使用定向天线,充分利用定向天线给无线多跳网络带来系统性能的优化,仅仅在物理层进行替换是不够的。无线多跳网络协议体系的各层都应对智能天线进行恰当而有效的控制,这包括在进行信号收发时要将天线在适当的时间切换到适当的方向以对准目标结点;根据所要的天线增益相应地控制天线发射功率等。再者,那些针对全向天线专门设计的各种机制,如媒体接入、功率控制、邻居发现以及路由选择等,必须为智能天线进行重新设计。这些不同的机制之间相互依赖和影响,如媒体接入控制需要来自物理层的相关天线波束的信息,目的是用邻居发现机制发现一个特定的邻结点。为充分发挥定向天线在无线多跳网络中的优势,体现定向天线为网络整体性能提高带来的益处,网络协议的各层都得设计新的协议,共同创造一个基于智能天线的优化的无线多跳网络。

目前国内外对使用智能天线的无线多跳网络的研究主要集中在媒体接入控制、功率控制、邻居发现、路由等方面,本节将对各部分情况分别进行分析。

6.2.1 采用定向天线的无线多跳网络信道接入和链路功率控制

关于在无线多跳网络中使用定向天线的研究,大部分集中在媒质接入控制协议上。目前提出的方案大都是对载波侦听多址接入/碰撞避免协议 (CSMA/CA 协议) 进行扩展，对其改进以适应与定向天线协同工作。这些协议规定在数据发送前，也使用请求发送 (request to send, RTS)、清除发送 (clear to send, CTS) 控制帧进行握手，然后进行数据帧和确认帧的发送。

定向 MAC(directional medium access control, DMAC) 协议在数据帧和确认帧发送时一定使用定向天线模式，在 RTS、CTS 传输的时候则会有很多种组合。例如，全向 RTS (omnidirectional request to send, ORTS)-全向 CTS (omnidirectional clear to send, OCTS)、定向 RTS (directional request to send, DRTS)-OCTS、DRTS-DRTS 以及多跳 RTS 等。

ORTS-OCTS 协议 (Nasipuri et al., 2000b) 由 Nasipuri 等提出，基本上由 IEEE 802.11DCF 改进而来。它使用波束切换天线，假定各个天线单元的方向在结点移动的时候保持不变，空闲结点使用全向天线侦听信道。其中加入的主要特征是发送、接收结点确定相互方向的机制。与 IEEE 802.11DCF 不同的是，ORTS-OCTS 协议没有使用确认帧。而且由于使用定向天线，在发送数据帧之前发送结点必须确定接收结点的方向。相应地，接收结点在接收的时候，也需要知道发送结点的方向。协议规定发送源结点 S 在发送数据帧前，先向目的结点 D 发送 ORTS 帧。因为此时发送结点并不知道接收结点的方向，所以必须全向发送。假如结点 D 收到了这个 RTS 帧，则响应一个 OCTS 帧。在交互过程中，目的结点 D 在接收 RTS 帧的时候，从接收到信号最强的那个天线的方向确定了源结点 S 的方向。同样，源结点 S 也通过接收到的 OCTS 信号确定目的结点的方向。RTS-CTS 交互结束后，两个结点就可以定向发送数据帧。

链路功率控制的目的是控制链路的功率足以激活该链路进行数据收发即可。功率过高对于那些用电池供电无线多跳网络移动结点而言是不合理也是不必要的，而功率过低则无法进行链路正常的信号收发。因此，在使用定向天线的无线多跳网络中进行功率控制是关键和必要的 (Ramanathan et al., 2005)。链路功率控制要求根据当前链路的具体情况，自适应地调整发射功率，达到激活链路而节省能量的目的。本质上讲，链路功率控制的目的是无线多跳网络的节能控制，进而延长结点寿命，保证网络良好的连通性。由于电池一旦耗尽，结点就等于被毁。在无线多跳网络中，有相当一部分结点是靠电池供电的，而短时间内电池制造技术不能获得突破性进展，又随着移动终端性能的提升和功能的增强使得终端对电能的需求不断提高，因此在无线多跳网络中采用链路功率控制对于网络节能意义重大。

6.2.2 采用定向天线的无线多跳网络路由协议的改进

利用定向天线对无线多跳网络的路由机制进行改进，可以达到提高网络路由协议性能的目的。研究发现利用定向传输能够减小传统被动路由协议中的路由开销。传统被动路由协议在进行路由发现时 (Nasipuri et al., 2000a)，一般是直接将 RREQ 分组，以泛洪的方式广播至全网所有结点，这种泛洪式的路由发现机制给网络带来很大的开销。Nasipuri 等 (2000a) 提出一种利用定向天线减小路由发现中泛洪开销的协议。

假设定向天线采用波束切换天线，且天线有四个波束方向，天线结构如图 6.1 所示。以 DSR 协议为例进行分析。结点在完成每一次正确路由发现时，都要记下所经过的中间结点及其使用的天线波束指向。该信息能使源结点 S 充分地估计目的结点 D 的方位。通过计算在最近一次成功路由发现中该路径上结点所使用不同天线波束方向的次数，就可以估算出目的结点 D 所处的大致方位，依此结果确定新的路由发现中使用的波束指向，最终大大减少网络中 RREQ 分组数，从而降低系统开销。

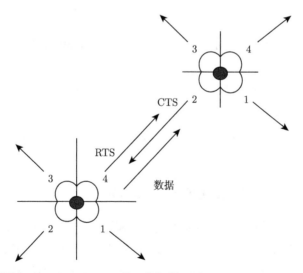

图 6.1 ORTS-OCTS 的工作机制 (Nasipuri et al., 2000a)

当源结点 S 要寻找一条到目的结点 D 的路由时，源结点 S 首先查看其路由快存中源结点 S 到结点 D 最新的成功发现路径上结点所使用各个天线波束方向的次数。如图 6.2 所示，最近一次正确的路由中，结点采用波束方向 1 总共 1 次，而波束方向 4 共 3 次 (天线波束方向编号如图 6.1 所示)，因此源结点 S 认为目的结

点 D 以很高的概率在其方向 4 的照射范围内。因而该路径断开时，源结点 S 不会触发全网范围内的新的路由发现，而是先将 RREQ 分组广播至其一跳邻结点，然后限制所有收到该 RREQ 分组的结点仅在方向 4 进行转发，这样就将路由发现的范围大大缩小，进而减小了网络开销。

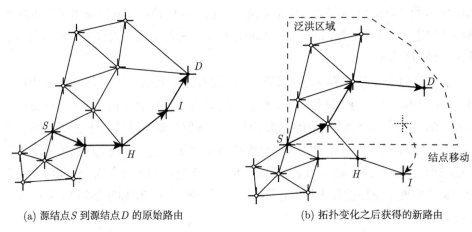

(a) 源结点 S 到源结点 D 的原始路由   (b) 拓扑变化之后获得的新路由

图 6.2   源结点 S 到源结点 D 的原始路由与拓扑变化后获得的新路由

关于利用智能天线提高无线多跳网络路由协议性能研究的还有其他方面，如 Spyropoulos 等 (2002) 提出了一种利用定向天线实现的节能路由机制；Wang 等 (2003) 研究了定向天线在提高业务广播性能上的潜力；Saha 等 (2004) 利用定向天线进行路由本地修复，当一个传输的中间结点移动脱离了该路由的无线传输范围时，会导致该路由断开。这时用定向天线射程远的特点，可以将路由接通，实现本地路由快速修复。

6.2.3   采用定向天线的无线多跳网络的邻居发现算法

传统无线多跳网络中，采用全向天线邻居发现是一件容易而又方便的事。而在使用定向天线的无线多跳网络中，由于定向天线在同一时间仅向某固定方位或扇区发射信号能量，那么在这段时间内仅有部分在其辐射区的邻结点能收到源结点发来的 hello 分组，其他的邻结点却收不到，当然也就不能被发现。同样，当邻结点收到源结点发来的 hello 分组后，向源结点发送回复时，其天线应对准源结点，源结点才有可能收到该回复，否则将无法正确地完成邻结点发现。采用定向天线进行邻结点发现比使用全向天线给其他结点带来的干扰少，但却要复杂得多。由于定向邻居发现机制是无线多跳网络能够正常工作的前提，定向邻居发现算法的研究就显得格外重要。

定向邻居发现中最具挑战性的问题就是如何确定定向天线应指向哪个方向,何时用天线进行接收或发送信号。例如,在收发结点均采用定向天线时,当且仅当通信双方同时对准对方的时候,才能被双方发现为邻结点。结点可以利用目标结点的位置信息对其进行定位,进而确定天线应指向的方向。

TR-BF(transmit and receive beamforming) 算法 (Ramanathan et al., 2005) 是一种采用定向天线进行发送和接收时的邻居发现算法。利用该算法,网络可以充分挖掘定向天线在提高无线多跳网络性能方面的潜力。TR-BF 算法需要使用 GPS 精确时间信息,使全网所有结点时间同步。全网所有结点周期性地进行邻居发现,以获得最新的邻结点信息,具体步骤如下。

首先,将时间与方向对应起来,如将当前时刻钟表中秒针所指方位与该时刻对应,就可实现时间与方向的对应。

其次,在时刻 t 进行邻居发现时,全网所有结点同时在该时刻向 t 时刻对应的方位 ϕ(对于地面上的结点,设 $\theta = 0$) 上发送 hello 分组,然后迅速在 $\phi + 180°$ 方位上接收信号。这样每一个结点就可以发现处在方位 ϕ 上的那个邻结点,如图 6.3 所示。

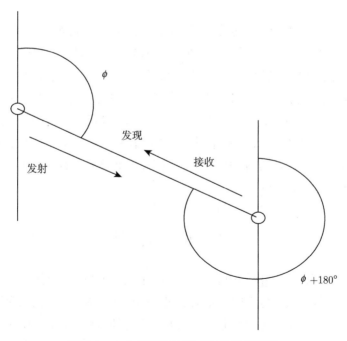

图 6.3   定向发射接收模式下的邻居发现

最后，每个结点分别从方向 ϕ 开始，沿顺时针方向依次朝每个方向进行类似在 ϕ 方向上的操作，直至转完一圈 $360°$，又回到原始方向 ϕ，停止。这时便完成了一次定向发射接收模式下的邻居发现。

鉴于定向发射与接收模式下邻居发现实现的难度，现已提出的定向发射接收模式的邻居发现算法大都需要依赖结点位置信息或者要求网络各结点之间的时间同步。

Choudhury 等 (2002) 提出了一种利用辅助定向发全向收 (directional transmission and omni-directional reception，DTOR) 模式和上层协议提供路由信息实现的定向收发 (directional transmission and reception, DTR) 模式。由于 DTR 的通信范围要比 DTOR 的通信范围大，所以在完成 DTOR 邻居发现后，源结点就知道了其 DTOR 模式射程内的所有邻结点。依靠上层协议提供的从源结点到其 DTR 模式下的邻结点路由信息，通过邻结点的多跳转发控制分组到达其 DTR 模式下的邻结点，来实现 DTR 模式的邻居发现。

Jakllari 等 (2005) 提出了一种基于轮询机制的邻居发现算法，该算法能实现 DTR 模式，克服 DTOR 模式带来的射程不对称问题，能支持结点移动等特点，但该算法仍然需要 GPS 或其他措施为其提供精确时间信息以保证结点间的严格同步。

上述这些关于定向邻居发现的方案涵盖了 DTOR 模式和 DTR 模式两种定向邻居发现机制，每种方案都有其特点，但它们的共同点就是要或多或少地依赖位置信息或时间信息，都属于辅助定向邻居发现。若没有这些辅助信息的支持或在无法得到这些辅助信息的特定应用环境下，这些邻居发现机制就会瘫痪，无法为上层协议服务，最终使网络性能恶化。特别是在军事应用环境下，备战网络对 GPS 卫星信息的依赖很可能是危险和致命的。第 7 章和第 8 章将讨论非辅助定向邻居发现算法，该算法不依赖网络以外的任何辅助信息，在保密性、独立性和抗毁性都有绝对的优势 (赵瑞琴等，2014)。

6.3　本章小结

定向天线在无线多跳网络中有很大的潜力，提出新的媒质接入控制、功率控制、网络层路由等有效支持智能天线的协议，才能使智能天线真正地应用在无线多跳网络中，提高其性能。本章给出了这几方面目前的研究情况，从中可以看出在智能天线与无线多跳网络结合中有大量有待深入研究的课题。例如，在无线多跳网络中使用定向天线时的链路功率控制；波束切换式定向天线和波束控制式定向天线设计媒体接入控制协议；支持服务质量 (quality of service, QoS) 采用定向天线的无线多跳网络研究；无 GPS 支持条件下，收发均用定向天线 (DTR) 时的邻结点发现机制以及针对定向传输特点的无线 Ad hoc 路由协议等。上述研究对于从根本上提升无线多跳网络容量具有重要的价值和意义。

第7章   定向传输条件下无线多跳网络邻居发现算法

7.1   定向邻居发现概述

由于传统的无线多跳网络物理层采用全向天线，目前的无线多跳网络协议体系结构的各层都是针对全向天线设计的。要想在无线多跳网络中使用智能天线，充分利用定向传输给无线多跳网络带来系统性能改善，仅仅在物理层进行替换是不够的。无线多跳网络协议体系的各层都应针对定向传输进行恰当而有效的控制，这包括在进行信号收发时要将天线在适当的时间切换到适当的方向以对准目标结点，根据天线的增益，相应地控制发射功率等。再者，那些针对全向天线设计的各种机制，如媒质接入、功率控制、邻居发现以及路由选择等机制，必须针对使用定向天线的环境进行必要的修改或重新设计。本章重点研究邻居发现的机制及算法，这是采用智能天线的无线多跳网络能够正常工作的前提。

图 7.1 中，天线具有全向和定向两种工作方式 (赵瑞琴等，2006；Ramanathan et al., 2005; Choudhury et al., 2004)。天线采用波束成形技术 (Chryssomallis, 2000)，可以全向也可以定向工作。在全向工作方式下，结点一次可以将数据信号发送到 360° 范围的区域内；同样在接收数据时，结点也可以收到来自任何方向的信号，这种全向的发送和接收给无线网络中结点间的通信带来便利，但是也带来了不必要的干扰和较小的天线射程。当有两个及两个以上的信号同时到达采用全向接收的结点时，接收结点处会发生干扰并可能导致接收结点不能收到任何有用的数据。在定向工作方式下，天线具有 M 个波束覆盖域，每个覆盖域的宽度，即波束宽度为 $\dfrac{360°}{M}$，任意时刻天线波束只能指向一个定向覆盖域。进行数据收发时，结点将天线波束指向其中的一个定向覆盖域，任意时刻结点只能在一个方向上进行数据的接收或发送。由于仅将信号能量散布在某一个方向上的区域，定向工作方式能够将信号发送到比全向工作方式发送结点距离更远的区域。并且用定向天线进行接收信号时，只有对准天线波束指向的信号才能被正确接收，同样也只有进入接收天线视角的干扰信号才可能干扰正常通信。与采用全向天线进行接收相比，定向天线具有更强的抗干扰能力。

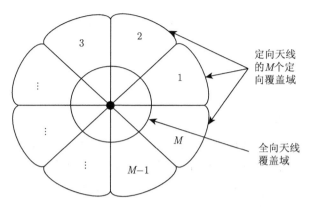

图 7.1 全向天线模型与有 M 个波束的定向天线模型

当收发结点的天线分别采用定向和全向两种不同的工作方式时, 可以得到四种不同通信模式: 定向发全向收 (directional transmission and omni-directional reception, DTOR) 模式、全向发定向收 (omni-directional transmission and directional reception, OTDR) 模式、定向发定向收 (directional transmission and reception, DTR) 模式以及全向发全向收 (omni-directional transmission and reception, OTR) 模式。令不同通信模式下收发结点之间可以进行有效通信的最大距离为该模式下的通信射程 r。在某一种通信模式下, 以结点为圆心, 通信射程 r 为半径的圆形区域内的所有结点组成该结点在该模式下的邻结点集合。通信射程 r 不同, 每个结点的邻结点集合就不同, 如图 7.2 所示, 图中用收发结点天线波束相切时收发两端之间的距离表示该模式下的通信射程。

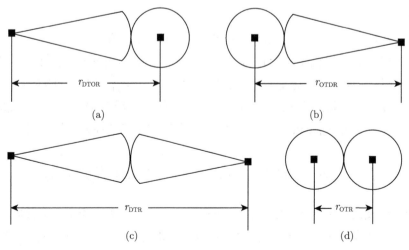

图 7.2 四种不同通信模式的通信射程 (左边为发结点, 右边为收结点)

由于定向天线的增益大于全向天线的增益，可以得到

$$r_{\text{DTOR}} = r_{\text{OTDR}} \tag{7.1}$$

$$r_{\text{OTR}} < r_{\text{DTOR}} < r_{\text{DTR}} \tag{7.2}$$

邻居发现是网络中结点发现以该结点为圆心、通信射程 r 为半径的圆形区域内所有结点的 ID 以及所在的波束方向，以保证网络中结点之间正确而有效的定向通信。可以看到，OTR 模式对应于传统的全向通信，邻居发现仅需发现邻结点 ID，容易实现；而由式 (7.1) 可得，任意结点 DTOR 模式与 OTDR 模式的邻结点完全相同；DTR 模式下的邻居发现难度最大。为此，本章研究 DTOR 模式和 DTR 模式下的邻居发现策略。

依据对 GPS 或其他信息的依赖性，定向邻居发现 (directional neighbor discovery，DND) 可分为辅助 DND 和非辅助 DND。一些辅助 DTOR DND 在进行邻居发现时，结点利用目标结点的位置信息 (Ramanathan et al., 2005) 对其进行定位，进而确定天线应指向的方向。结点的位置信息可以通过 GPS 定位系统获得。Ramanathan 等 (2005) 还提出一种有 GPS 支持的 DTR 邻居发现算法，即 TR-BF 邻结点发现算法。该算法利用 GPS 精确的时间信息，使全网所有结点达到精确的时间同步。Choudhury 等 (2002) 提出了一种利用辅助 DTOR 和上层协议提供路由信息实现的 DTR。Jakllari 等 (2005) 提出了一种基于轮询机制的邻居发现算法。该算法能实现 DTR，解决 DTOR 带来的射程不对称问题，支持结点移动等，但该算法仍然需要 GPS 或其他措施为其提供精确时间信息以保证结点间的严格同步。

目前提出的 DND 的方案涵盖了 DTOR 和 DTR 两种模式，大都属于辅助 DND。这些邻居发现机制在没有辅助信息的特定应用环境下就会失效，不能对上层协议作用，导致网络性能变差。特别是在军事应用环境下，备战网络对 GPS 卫星信息的依赖很可能是危险和致命的。为此，重点研究非辅助 DND 算法。该算法不依赖网络以外的任何辅助信息，其保密性、独立性和抗毁性都大大优于辅助 DND。

7.2　基于扫描的 DTOR 定向邻居发现算法

DTOR 模式的定向邻居发现算法是采用定向发送 hello 分组，全向接收该分组的邻居发现算法。不失一般性，假设天线的方向如图 7.1 所示。该天线采用波束成形技术，可以全向也可以定向工作 (或者也可以用两部天线：一部全向天线，一部

定向天线)。在定向模式下，任意时刻天线波束只能指向一个方位，有 M 个不同方向的定向覆盖域。处于发送状态的结点在一段时间内只能在一个方向上发送 hello 分组，而处于接收状态的结点以全向的方式接收分组。

基于扫描的定向邻居发现 (sweeping based directional neighbor discovery, SBDND) 算法，是一种 DTOR 邻居发现策略 (Zhao et al., 2007b)。SBDND 算法利用定向扫描来模拟全向的思想，实现了在不依赖 GPS 或其他辅助信息的前提下独立完成无线多跳网络的邻结点发现，使通过采用定向天线提升网络容量成为可能。

SBDND 算法中，所有结点发送数据时采用定向工作方式，而处于接收状态的结点以全向的方式接收分组。假设各结点均采用收发同频时分双工的方式工作，以及基于 IEEE 802.11 DCF 协议中的基本接入方式来实现邻居发现算法产生的控制分组在 MAC 层的传输。

SBDND 算法包含两个子算法：主动算法 (proactive algorithm, PA) 和被动算法 (reactive algorithm, RA)。在邻居发现过程中，网络中不同的结点执行不同的子算法，主动触发邻居发现的结点执行 PA，因收到其他结点发来的邻居发现控制分组而被动进入邻居发现过程的结点执行 RA。下面分别给出 PA 和 RA 的详细描述。

7.2.1 DTOR 主动算法

当一个结点要进行邻居发现时，进入邻居发现状态执行如图 7.3 所示的 PA 流程。首先接入信道，之后从定向发射天线的 M 个波束方向中随机选取一个，并将其天线波束指向该方向广播发送 hello 分组，然后沿一定的方向遍历剩余所有波束方向并在每个方向上定向广播发送该 hello 分组，最后进入全向接收邻结点发来的 hello 分组。当结点收到其他结点定向发来的 hello 分组时，认为发现了一个 DTOR 邻结点，将收到的 hello 分组的有用信息写进邻居列表 (这些有用信息包括发送该 hello 分组的结点 ID 和所使用的波束方向)。

PA (赵瑞琴等，2007b) 具体步骤如下。

(1) 启动一个计时器，门限值设为 T。然后以全向的方式"侦听"(也就是处于接收状态) 信道，查看信道是否忙。

(2) 如果在特定的时间内信道持续空闲，从定向发射天线的 M 个波束方向中随机选取一个，并将其天线波束指向该方向广播发送 hello 分组，然后沿一定的方向遍历剩余所有波束方向并在每个方向上定向广播发送该 hello 分组，如图 7.4 所

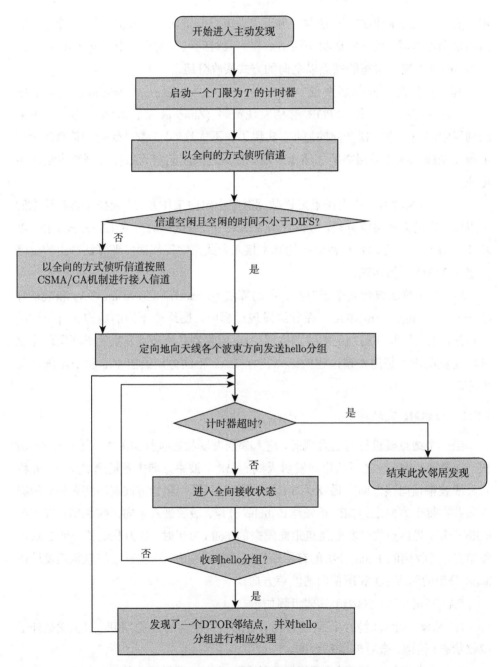

图 7.3　SBDND 算法中的 PA 算法流程

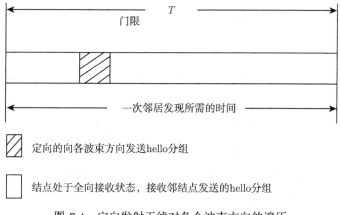

图 7.4　定向发射天线对各个波束方向的遍历

示。如果信道忙，则继续 "侦听" 信道，直到信道变为 "空闲"，再采取该操作步骤。

(3) 结点在 360° 范围内定向地发送完 hello 分组之后，进入全向接收状态，准备接收邻结点发来的 hello 分组。

(4) 接收其他结点发来的 hello 分组。若收到 hello 分组，则该结点认为发现了一个 DTOR 邻结点，将收到的 hello 分组的有用信息写进邻居列表 (这些有用信息包括发送该 hello 分组的结点 ID 和所使用的波束方向)，然后继续进行全向接收。

(5) 检查计时器是否超过设定门限值 T。若没有超过门限值，则转第 (4) 步；否则，转第 (6) 步。

(6) 该结点退出邻居发现状态，结束此次邻居发现操作。

当一个结点收到其他结点定向发来的 hello 分组时，先检查该结点在此之前是否已进入邻居发现状态。若该结点在此之前已进入邻居发现状态且在过去的时间 T 内已发送过 hello 分组，则执行 PA 的第 (4) 步。若该结点收到 hello 分组之前已进入邻居发现状态但还没发送 hello 分组，则处理完该 hello 分组后继续 "侦听" 信道直到信道空闲时按 PA 的步骤 (2) 执行。若该结点在收到 hello 分组之前不是处于邻居发现状态，则执行 RA。

7.2.2　DTOR 被动算法

当一个结点收到其他结点定向发来的 hello 分组且在此之前该结点还未进入邻居发现状态时，执行 RA。这是由于当一个结点收到 hello 分组时，网络正在进行邻居发现。该结点是因收到邻结点发送的 hello 分组才被要求进入邻居发现状态的，因此把这种因收到 hello 分组而进入邻居发现状态的算法称为 RA。RA 与 PA 是不同的，下面给出 RA 的算法描述。

(1) 启动一个计时器, 门限值设为 T。分析收到的 hello 分组, 将分组中的源结点 ID 写进自己的邻居列表, 并计算收到的 hello 分组的发送方向 s, 然后将 $s+180°$ 写入邻居列表作为向那个结点发送信息时的波束方向。

(2) 全向"侦听"信道。若信道忙, 继续"侦听"信道, 直到信道"空闲"。若在特定的时间内信道持续空闲, 则从方向 $s+180°$ 开始发送含该结点信息的 hello 分组, 以类似 PA 快速遍历所有方向并在各个方向定向发送 hello 分组。

(3) 结点天线进入全向接收状态, 接收邻结点发来的 hello 分组。若收到 hello 分组, 则该结点认为发现了一个 DTOR 邻结点, 将 hello 分组的有用信息写进邻居列表。如果没收到 hello 分组, 则继续全向接收。

(4) 检查计时器是否超过设定门限值 T。若没有超过门限值, 则转第 (3) 步, 接收其他结点发来的 hello 分组; 否则, 转第 (5) 步。

(5) 该结点离开邻居发现状态, 结束本次邻居发现。

在上述非辅助 DTOR 邻居发现算法中, 所有的 hello 分组以广播方式发射到所使用波束的覆盖区。所有结点收到一个新的 hello 分组, 就认为发现了一个定向发送全向接收条件下的邻结点, 即 DTOR 邻结点。该 hello 分组包含发送该分组的源结点 ID 和该结点定向发送该 hello 分组时所用的波束方向。当其他结点收到该 hello 分组时, 就将其中包含的源结点 ID 添加到自己的邻居列表中, 且根据源结点发送 hello 分组所用波束方向 d, 得出该结点与源结点进行数据传输时所用的波束方向为 $d+180°$ 的方向。

根据不同的网络应用环境, 邻居发现算法可能是按一定周期执行的, 也有可能是事件触发 (如网络拓扑发生变化时) 的, 在拓扑变化剧烈的环境下还可以按需执行。而计时器门限值 T 的设定取决于网络中结点的密集程度以及各结点的平均邻结点数目; 遍历完天线的所有波束方向在每个方向上定向发送 hello 分组所需的时间, 取决于天线波束的宽度, 波束越宽, T 值就越小。因此, T 值取决于定向天线波束扇区的个数、网络中结点的密集程度以及结点的平均邻结点数目。

7.3　基于扫描的盲 DTR 定向邻居发现算法

DTR 定向邻居发现算法通过定向天线发送和接收 hello 分组实现。在无线多跳网络中仅使用定向天线收发数据分组和控制分组是为了充分发挥定向天线的优势, 对进一步提高网络性能有重大的意义。

本章提出的非辅助 DTR 算法，称为盲 DTR 算法。该算法定义了如下两种天线波束扫描方式。

快扫描：天线波束以角速度 ω 沿一定的方向对 $360°$ 范围内各个覆盖区进行快速扫描。设天线波束宽度为 $\alpha(\text{rad})$，在每个覆盖区停留时间为 $\tau(\text{s})$，则扫描角速度应满足等式 $\omega = \alpha/\tau$，单位是 rad/s；快扫描周期 $T_R = \dfrac{2\pi}{\omega} = \dfrac{2\pi}{\alpha} \cdot \tau$，单位是 s。例如，若 $\alpha = \pi/5\,\text{rad} = 36°, \tau = 20\text{ms}$，则有 $T_R = 0.2\text{s}$。

慢扫描：天线波束以角速度 Ω 沿一定的方向对 $360°$ 范围内各个覆盖区进行慢速扫描。它在每个波束覆盖区的停留时间大于 T_R，即天线的波束在一个覆盖区停留的时间应大于快扫描时天线波束扫描一周的时间。设天线的波束宽度也是 $\alpha(\text{rad})$，则天线的慢扫描周期 $T_S > \dfrac{2\pi}{\alpha} \cdot T_R = \left(\dfrac{2\pi}{\alpha}\right)^2 \cdot \tau\text{s}$。例如，若 $\alpha = \dfrac{\pi}{5}\text{rad} = 36°, \tau = 20\text{ms}$，则有 $T_S > 2\text{s}$。

盲 DTR 算法假设网络结点的天线在"侦听"信道时进行快扫描，启动邻居发现过程后进行慢扫描。与 7.2 小节中的 SBDND 算法类似，盲 DTR 算法也包含 PA 和 RA 两个子算法。

7.3.1 DTR 主动算法

(1) 当某个结点要进入主动邻居发现状态时，首先用快扫描方式"侦听"信道。若信道在特定的时间内持续空闲，则停止天线的快扫描，转向步骤 (2)；否则，继续"侦听"信道。

(2) 沿一定方向对 $360°$ 范围内各个波束覆盖区 (扇区) 进行慢扫描。天线在每个扇区先定向广播发送包含该结点信息的 hello 分组，然后进入定向接收状态 (天线指向不改变)，停留足够的时间后，天线指向改变 α 弧度，即指向下一个扇区。

(3) 结点在慢扫描过程中，如果收到一个 hello 分组，就认为自己发现了一个 DTDR 邻结点，将 hello 分组的有用信息写进自己的邻居列表。这些有用信息包括发送该 hello 分组的结点 ID 和所使用的波束方向。

(4) 该结点慢扫描结束 (可预先规定扫描一周或若干周) 时，进入快扫描接收状态。

7.3.2 DTR 被动算法

(1) 结点用快扫描方式"侦听"信道。若信道空闲，则继续侦听信道。

(2) 若在某方向上收到 hello 分组，则对 hello 分组进行处理，将 hello 分组的有用信息写进自己的邻居列表。同时进入定向发送状态，向对方发送回应的 hello 分组。

(3) 发送完成后结点继续用快扫描方式 "侦听" 信道。若信道空闲的时间超过慢扫描周期 T_S，则进入主动邻居发现状态，执行 PA。否则，若收到 hello 分组，转向步骤 (2)。

通过邻居发现算法，各个结点可以获取自己的邻居信息，从而建立起各自的邻居列表。在通信过程中各个结点在任何状态下有意或无意收到 MAC 层的协议数据单元 (帧) 时，如收到 RTS、CTS、ACK 等控制帧或数据帧，可利用其中包含的信息 (源地址、波束指向等) 对自己的邻居列表的内容进行更新。

7.4　基于扫描的非辅助定向邻居发现算法性能分析

基于扫描的 DTOR 的定向邻居发现算法中，初始化一开始，所有结点都开始进行邻居发现，执行基于扫描的 DTOR 模式下的 PA。基于扫描的 DTOR 模式定向邻居发现算法是在网络层实现的邻居发现算法，其生成的所有控制分组都要通过 MAC 层的媒质接入控制协议接入信道。对于 MAC 层而言，网络层产生的任何分组都作为数据分组处理。基于扫描的 DTOR 模式定向邻居发现算法产生的 hello 分组为广播分组，并且这些 hello 分组在 MAC 层接入信道时采用 IEEE 802.11 的 DCF(distributed coordination function) 协议。

考虑到基于扫描的 DTOR 和 DTR 模式的定向邻居发现算法采用的算法思想一致，两者都是基于用定向扫描的方式来模拟全向收发，在本节中，仅对基于扫描的 DTOR 定向邻居发现算法的性能进行分析。通过建立算法模型，分析得出了网络初始化阶段时，用该算法进行一次定向邻居发现所需时间和一次邻居发现中发现所有邻结点的概率。为了验证理论分析，基于 NS-2 (network simulsator version 2) 仿真工具在 NS-2.29 中完成了对定向天线模块的扩展，最后在此基础上实现了对该算法的仿真。

7.4.1　算法模型

结点 A 发现了一个邻结点：A 正确收到了该邻结点发送的 hello 分组。

邻居发现时间：一次邻居发现中，结点从进入邻居发现开始，一直到该结点收到最后一个邻结点 (假设信道误码率为零且不发生碰撞的条件下) 发来的 hello 分组总共经历的时间。

饱和站：t 时刻，有分组要发送的结点称为饱和站。

1. 几点假设

(1) 在初始化阶段，网络中各个结点是静止的。这种假设是合理的，因为相对于引起网络拓扑剧烈变化的时间而言，网络初始化时间是很短的。

(2) 结点接入信道以后快速分别向天线的所有波束方向定向发射 hello 分组的过程中，在相邻波束方向上切换的时间很短，可以忽略不计。

(3) 在初始化阶段，每个结点处分组队长为零，即排队时延为零。这是因为，初始化阶段结点处没有数据业务，仅有一个 hello 分组需要处理，所以没有分组排队。

(4) 每个结点对收到邻结点发来的 hello 分组的处理时延很小，在计算邻居发现时延的过程中可以忽略。

(5) 邻居发现所用的时间从网络初始化开始算起。因为网络初始化开始时，所有结点均要发送 hello 分组，所以均为饱和站。

(6) 结点间传送的 hello 分组等长，且忽略传播时延。

2. 参数定义

μ：结点密度，单位面积上结点的数量；

M：定向天线不同波束方向个数；

$\dfrac{2\pi}{M}$：定向天线波束宽度；

r：天线的辐射半径；

m：结点的邻结点数量；

n：一个结点天线覆盖区域内结点的总数，$n = \pi r^2 \mu$；为了分析方便，假设对于任何结点其天线覆盖区域内结点总数都为 n，等于 $\pi r^2 \mu$，从而每个结点的邻结点总数 $m = n - 1$，即 $\pi r^2 \mu - 1$；

S_{hello}：结点从网络进入初始化到将 hello 分组发送到 M 个波束方向上所用的时间；

$S_{k,\text{sc}}$：在结点 k 将 hello 分组发送出去条件下，hello 分组成功到达邻结点并被接收的概率；

$P_{k,T}$：在时间 T 内，结点 k 将自己的 hello 分组成功发送并正确到达其邻结点的概率；

F_T：在时间 T 内，结点被一个影响区域内邻结点发现的概率；

t_A：结点 A 获得信道使用权的时刻；

c_A：结点 A 碰撞期内进行分组发送的结点数。

首先分析在无 ACK 回复 DCF 的基本接入机制下，一个结点从进入初始化开始到将 hello 分组发送到其 M 个波束方向上所用的时间 S_{hello}，进而求出邻居发现时间，最后对邻居发现概率进行分析。

7.4.2　邻居发现时间的分析

IEEE 802.11 的 DCF 协议中定义了两种接入机制 (ANSI/IEEE Std 802.11, 2003)，一种是基本接入机制，即 CSMA/CA 方式；另一种是 RTS/CTS 机制，即 RTS-CTS-DATA-ACK 四次握手方式。IEEE 802.11 协议规定了这两种接入机制的使用条件，当数据分组长度大于 RTS 门限值时，采用 RTS/CTS 机制进行接入，否则采用基本接入机制接入信道 (岳鹏等, 2008)。DCF 协议还对多目的数据分组，也就是对广播分组或多播分组的接入方式进行了规定 (Bianchi, 2000)：不管数据分组长度是否超过前面规定的 RTS 门限值，若分组的目的地址 (destination address, DS) 域为多目的地址，均采用基本接入机制，并且收到该分组的结点不对其进行 MAC 层 ACK 回复。也就说，IEEE 802.11 的 DCF 协议对广播分组采用基本接入机制，并且传输是不可靠的。

由于基于扫描的 DTOR 模式的定向邻居发现算法所产生的 hello 分组均为广播分组，IEEE 802.11 的 DCF 协议对 hello 分组实行无 ACK 回复的基本接入机制。下面首先分析 DCF 协议的基本接入机制。在 DCF 协议的基本接入机制中，终端有分组要发送时先侦听信道，若信道空闲且连续空闲时间大于 DIFS，则向信道发送分组；否则一直侦听信道，直到信道连续空闲时间大于 DIFS，之后选择退避时间进入退避，退避结束后发送分组。DCF 协议采用离散指数退避规则 (Bianchi, 2000)，每一次退避，终端要从 $[0, W-1]$ 中选一个随机数 i 作为要退避的总的时隙数。其中 W 是竞争窗口，每产生一次失败传输，$W \leftarrow 2W$，且 $\text{CW}_{\text{min}} \leqslant W \leqslant \text{CW}_{\text{max}}$。由于 CSMA/CA 机制无法得知发送的分组是否成功到达目的结点，DCF 协议要求目的结点正确收到分组 SIFS 间隔之后回复 ACK。这样，终端在一定时间内没收到预期的 ACK 时，认为传输失败，然后将竞争窗口值 W 增加一倍，在 $[0, W-1]$ 中选一个随机数进行退避，以进行重传。总地来讲，DCF 协议的基本接入机制可以概括为 CSMA/CA + ACK。无 ACK 回复的 DCF 协议的基本接入机制因没有 ACK 回复，也就不存在重传，从而 W 为一个常量 CW_{min}。

因此可以得出 hello 分组接入信道的无 ACK 回复 DCF 协议的基本接入过程：终端有分组要发送时先侦听信道，若信道空闲且连续空闲时间大于 DIFS，则向信道发送分组；否则一直侦听信道，直到信道连续空闲时间大于 DIFS，之后在

$[0, \text{CW}_{\min} - 1]$ 中选择随机数 i 作为退避的总的时隙数开始退避,退避结束后发送分组。

在分析 S_{hello} 之前定义以下参数。

F: 数据帧的长度,在这里是指 hello 分组的帧长度;

B: 最大碰撞区间长度。可以看成是所有邻结点同时开始发送 hello 分组时的最大碰撞区间长度,因此可取 $B = MF$;

R: 信道基本速率;

σ^*: 退避过程中的等效时隙长度;

i: 总的退避时隙数;

CW: 结点经历的随机退避时间,$\text{CW} = i\sigma^*$;

MFSD(MAC frame service duration): MAC 层帧服务时延,是 MAC 层为传送数据帧开始侦听信道到将数据帧发送出去之间的时间;

p_{idle}: 侦听信道空闲时间大于 DIFS 的概率;

τ: 稳态下,结点在任意一个时隙 σ 占用信道的概率;

P_{tr}: 在一个时隙 σ 的开始处,当前结点不占用信道的条件下,剩余 $n-1$ 个结点中至少有一个结点的帧占用信道的概率;

P_{sc}: 在一个时隙 σ 的开始处,当前结点不占用信道的条件下,剩余 $n-1$ 个结点中有且仅有一个结点的帧 (在传输) 占用信道的概率;

T_{sc}: 一个成功传输所占用的时间;

T_{cl}: 碰撞占用时间;

由前面假设忽略 hello 分组在结点处的排队时延,那么 S_{hello} 主要由 MAC 层的竞争接入过程引起。由 MAC 层帧服务时延的定义知,MFSD 就是 MAC 层为传送数据帧 (hello 分组) 开始侦听信道到将数据帧发送出去之间的时间,得出

$$S_{\text{hello}} = \text{MFSD}_{\text{hello}} \tag{7.3}$$

接下来从 MAC 层接入过程来分析 MFSD。依据 IEEE 802.11 的 DCF 协议无 ACK 回复的基本接入机制,分为两种情况讨论。

第一种情况: 侦听信道,发现信道空闲时间大于 DIFS,立即占用信道发送 hello 分组。由于 hello 分组要分别向天线的 M 个波束方向上各发送一次,所以 hello 分组传输所用的时间为 $\dfrac{MF}{R}$。这时的 $\text{MFSD}_{\text{hello}}$ 用 $\text{MFSD}_{\text{hello}}^{\text{idle}}$ 表示,则有

$$\text{MFSD}_{\text{hello}}^{\text{idle}} = \text{DIFS} + \frac{MF}{R} \tag{7.4}$$

第二种情况：侦听信道，发现信道忙或发现信道空闲时间小于 DIFS，结点继续侦听信道，直到信道连续空闲时间大于 DIFS，选择一个随机数 i 作为退避时隙数进行退避，退避 i 个等效时隙后，发送 hello 分组。因此 S_{hello} 由信道忙的时间 $\frac{B}{R}$、退避时间 CW、hello 分组发送时延 $\frac{MF}{R}$（hello 分组要分别向天线 Y 的 M 个波束方向上发送一次）和 DIFS 构成。这时的 $\text{MFSD}_{\text{hello}}$ 用 $\text{MFSD}_{\text{hello}}^{\text{busy}}$ 表示，则有

$$\text{MFSD}_{\text{hello}}^{\text{busy}} = \frac{B}{R} + \text{CW} + \text{DIFS} + \frac{MF}{R} \tag{7.5}$$

第一种情况发生的概率为 p_{idle}，则在无 ACK 回复的 DCF 协议的基本接入机制下，MFSD 为

$$\text{MFSD}_{\text{hello}} = p_{\text{idle}}\text{MFSD}_{\text{hello}}^{\text{idle}} + (1 - p_{\text{idle}})\text{MFSD}_{\text{hello}}^{\text{busy}} \tag{7.6}$$

$\text{MFSD}_{\text{hello}}^{\text{idle}}$ 已经求出，接下来求 $\text{MFSD}_{\text{hello}}^{\text{busy}}$ 和 p_{idle}。

退避过程中的等效时隙长度 σ^* 由 Bianchi(2000) 提出：

$$\sigma^* = (1 - P_{\text{tr}})\sigma + P_{\text{tr}}P_{\text{sc}}T_{\text{sc}} + P_{\text{tr}}(1 - P_{\text{sc}})T_{\text{cl}} \tag{7.7}$$

由于无 ACK 回复的 DCF 协议的基本接入机制没有碰撞检测机制，一旦结点竞争到信道将 hello 分组发送出去，就认为完成了对 hello 分组的发送，而不管该分组是否发生了碰撞，因此有

$$T_{\text{sc}}^{\text{noACK+base}} = T_{\text{cl}}^{\text{noACK+base}} \tag{7.8}$$

因此在无 ACK 回复的 DCF 协议的基本接入机制下，式 (7.7) 又可写为

$$\sigma^* = (1 - P_{\text{tr}})\sigma + P_{\text{tr}}T_{\text{cl}}^{\text{noACK+base}} \tag{7.9}$$

无 ACK 回复的 DCF 协议的基本接入机制中，碰撞占用时间 $T_{\text{cl}}^{\text{noACK+base}}$ 可以表示为

$$T_{\text{cl}}^{\text{noACK+base}} = \frac{B}{R} + \text{DIFS} \tag{7.10}$$

对于式 (7.7)，文献 (Bianchi, 2000) 中 P_{tr} 表示当前结点不占用信道的情况下，信道忙的概率。依据该定义，在本算法中，P_{tr} 是随时间变化的量，为此取 P_{tr} 为当前结点不占用信道的情况下，信道忙的最大概率，即考虑最坏情况，这时依据式 (7.7) 算出的等效时隙为最大等效时隙。已知在采用定向天线发送信号，每个结点占用信道时对邻结点产生干扰的概率为 $\frac{\tau}{M}$，因此有

$$P_{\text{tr}} = P\left(\frac{\text{剩余 } (n-1) \text{个结点至少有一个在时隙 } \sigma \text{ 内占用信道}}{\text{当前结点不占用信道}}\right)$$

$$= P(\text{剩余 } (n-1) \text{ 个结点至少有一个在时隙 } \sigma \text{ 内占用信道})$$

$$= 1 - \left(1 - \frac{\tau}{M}\right)^{n-1} \qquad (7.11)$$

$$= 1 - \left(1 - \frac{\tau}{M}\right)^{m}$$

再将式 (7.10) 和式 (7.11) 代入式 (7.9) 得出等效时隙 σ^*:

$$\sigma^* = \left(1 - \frac{\tau}{M}\right)^{m}\sigma + \left[1 - \left(1 - \frac{\tau}{M}\right)^{m}\right]\left(\frac{B}{R} + \text{DIFS}\right) \qquad (7.12)$$

将 $\text{CW} = i\sigma^*$ 和式 (7.12) 代入式 (7.5) 得

$$\text{MFSD}_{\text{hello}}^{\text{busy}} = i\left\{\left(1 - \frac{\tau}{M}\right)^{m}\sigma + \left[1 - \left(1 - \frac{\tau}{M}\right)^{m}\right]\left(\frac{B}{R} + \text{DIFS}\right)\right\} + \frac{B}{R} + \text{DIFS} + \frac{MF}{R} \qquad (7.13)$$

p_{idle} 为信道连续空闲时间大于等于 DIFS 的概率, 则概率 $1 - p_{\text{idle}}$ 就是在时间 DIFS 内, 当前结点不发送的条件下, 剩余 m 个邻结点至少有一个结点在 DIFS 内发送分组且对准当前结点的概率, 故

$$1 - p_{\text{idle}} = 1 - \left(1 - \tau\frac{\dfrac{F}{R} + \text{DIFS}}{M\dfrac{F}{R}}\right)^{m} \qquad (7.14)$$

从而有

$$p_{\text{idle}} = \left(1 - \tau\frac{\dfrac{F}{R} + \text{DIFS}}{M\dfrac{F}{R}}\right)^{m} \qquad (7.15)$$

当 $\dfrac{F}{R} \gg \text{DIFS}$ 时

$$p_{\text{idle}} \approx \left(1 - \frac{\tau}{M}\right)^{m} \qquad (7.16)$$

令 $p = 1 - \left(1 - \dfrac{\tau}{M}\right)^{m}$, 则

$$p = 1 - p_{\text{idle}} \qquad (7.17)$$

一般情况下, $\dfrac{F}{R} \gg \text{DIFS}$ 是满足的, 为此将式 (7.17)、式 (7.13)、式 (7.5) 一起

代入式 (7.6) 得

$$\text{MFSD}_{\text{hello}} = p_{\text{idle}} \text{MFSD}_{\text{hello}}^{\text{idle}} + (1 - p_{\text{idle}}) \text{MFSD}_{\text{hello}}^{\text{busy}}$$

$$= p_{\text{idle}} \left(\text{DIFS} + \frac{MF}{R} \right)$$

$$+ (1 - p_{\text{idle}}) \left\{ i \left\{ \left(1 - \frac{\tau}{M} \right)^m \sigma + \left[1 - \left(1 - \frac{\tau}{M} \right)^m \right] \right. \right.$$

$$\left. \left. \cdot \left(\frac{B}{R} + \text{DIFS} \right) \right\} + \frac{B}{R} + \text{DIFS} + \frac{MF}{R} \right\} \tag{7.18}$$

$$= \text{DIFS} + \frac{MF}{R} + p \cdot \frac{B}{R} + i \cdot p \left\{ (1 - p)\sigma + p \left(\frac{B}{R} + \text{DIFS} \right) \right\}$$

$$= \text{DIFS} + \frac{MF}{R} + p \cdot \frac{B}{R} + i \left(p(1 - p)\sigma + p^2 \left(\frac{B}{R} + \text{DIFS} \right) \right)$$

由式 (7.3) 得出 S_{hello}, 到此得出了无 ACK 回复的 DCF 协议的基本接入机制下, 最坏情况时结点从进入初始化到将 hello 分组发送到其 M 个波束方向上所用的时间 S_{hello}。如果忽略 hello 分组的传播时延, 结点从进入初始化开始到其 hello 分组被邻结点接收所用的时间也等于 S_{hello}。

由式 (7.18) 可看出 S_{hello} 的表达式中除了退避时隙数 i 为一个服从 $[0, \text{CW}_{\min})$ 均匀分布的离散随机变量外, 其余参数在系统确定的条件下均是确定性变量, 为此可得出

$$P(S_{\text{hello}} \leqslant T)$$

$$= P(\text{MFSD}_{\text{hello}} \leqslant T)$$

$$= P \left(\text{DIFS} + \frac{MF}{R} + p \cdot \frac{B}{R} + i \left(p(1 - p)\sigma + p^2 \left(\frac{B}{R} + \text{DIFS} \right) \right) \leqslant T \right) \tag{7.19}$$

$$= P \left(i \leqslant \frac{T - \text{DIFS} - \dfrac{MF}{R} - p \cdot \dfrac{B}{R}}{p(1 - p)\sigma + p^2 \left(\dfrac{B}{R} + \text{DIFS} \right)} \right)$$

由 i 服从 $[0, \text{CW}_{\min})$ 均匀分布, 分三种情况讨论 $P(S_{\text{hello}} \leqslant T)$ 的值, 首先令

$$T_x = \text{DIFS} + \frac{MF}{R} + p \cdot \frac{B}{R} + x \cdot \left(p(1 - p)\sigma + p^2 \left(\frac{B}{R} + \text{DIFS} \right) \right) \tag{7.20}$$

其中, $x = 0, 1, 2, 3, \cdots, \text{CW}_{\min} - 1$。

$$T_e = T_{\text{CW}_{\min} - 1} \tag{7.21}$$

则有

(1) 当 $T < T_0$ 时

$$P(S_{\text{hello}} \leqslant T) = 0 \tag{7.22}$$

(2) 当 $T_{x-1} \leqslant T < T_x$ 时

$$
\begin{aligned}
&P(S_{\text{hello}} \leqslant T) \\
&= \frac{1}{\text{CW}_{\min}} + \frac{T_{x-1} - \text{DIFS} - \dfrac{MF}{R} - p \cdot \dfrac{B}{R}}{\text{CW}_{\min} \cdot \left[p(1-p)\sigma + p^2 \left(\dfrac{B}{R} + \text{DIFS} \right) \right]} \\
&= \frac{x}{\text{CW}_{\min}} \quad (x = 1, 2, 3, \cdots, \text{CW}_{\min} - 1)
\end{aligned}
\tag{7.23}
$$

(3) 当 $T \geqslant T_e$ 时

$$P(S_{\text{hello}} \leqslant T) = 1 \tag{7.24}$$

希望在时间 T 内将 hello 分组发送出去的概率越大越好。上述三个式子给出了 $P(S_{\text{hello}} \leqslant T)$ 在不同条件下的取值。可以看出第一种情况是不想看到的，因为 $P(S_{\text{hello}} \leqslant T) = 0$；第二种情况下，$P(S_{\text{hello}} \leqslant T)$ 的值随 T 的增加而增加，$0 < P(S_{\text{hello}} \leqslant T) < 1$；第三种情况是最想看到的，也就是当 $T \geqslant T_e$ 时，每一个结点都以概率 1 将自己的 hello 分组发送了出去。也就是说，在信道误码率为零和不发生碰撞的条件下，在 $T \geqslant T_e$ 的时间内，每个结点均可发现自己的 m 个邻结点。T_e 称为最大发现时间，表示在信道误码为零且不发生碰撞的条件下，一个结点发现所有邻结点所需最大时间。

7.4.3 邻居发现概率的分析

7.4.2 小节中求出了在无 ACK 回复的 DCF 协议的基本接入机制下，结点在时间 T 内成功接入信道完成向所有波束方向发送 hello 分组的概率 $P(S_{\text{hello}} \leqslant T)$，得到获取 $P(S_{\text{hello}} \leqslant T)$ 最大的条件是 $T \geqslant T_e$。只要邻居发现时间不小于 T_e，结点就能以概率 1 将 hello 分组发送出去。

接下来研究在任意结点 k 将 hello 分组发送出去条件下，该 hello 分组成功到达目的地并被接收的概率 $S_{k,\text{sc}}$。为了分析问题方便，假设信道误码率为零，这时 $S_{k,\text{sc}}$ 等于传输不发生碰撞的概率。从而可以得出结点 k 将自己 hello 分组成功发送到该影响区内其他结点的概率为

$$P_{k,T} = P(S_{\text{hello}} \leqslant T) S_{k,\text{sc}} \tag{7.25}$$

容易看出 $P_{k,T}$ 是结点 k 被邻结点发现的概率。当不同结点的分组碰撞概率 $S_{i,\text{sc}}$ 取统计平均值 S_{sc} 时,可以得出结点被发现的概率为

$$F_T = P(S_{\text{hello}} \leqslant T) S_{\text{sc}} \tag{7.26}$$

将式 (7.22)、式 (7.23)、式 (7.25) 代入式 (7.26) 得

(1) 当 $T < T_0$ 时,$P(S_{\text{hello}} \leqslant T) = 0$, 则

$$F_T = P(S_{\text{hello}} \leqslant T) S_{\text{sc}} = 0 \tag{7.27}$$

(2) 当 $T_{x-1} \leqslant T < T_x$ 时

$$
\begin{aligned}
F_T &= P(S_{\text{hello}} \leqslant T) S_{\text{sc}} \\
&= S_{\text{sc}} \left(\frac{1}{\text{CW}_{\min}} + \frac{T_{x-1} - \text{DIFS} - \dfrac{MF}{R} - p \cdot \dfrac{B}{R}}{\text{CW}_{\min} \cdot \left[p(1-p)\sigma + p^2 \left(\dfrac{B}{R} + \text{DIFS} \right) \right]} \right) \\
&= \frac{x \cdot S_{\text{sc}}}{\text{CW}_{\min}} \quad x = 1, 2, 3, \cdots, \text{CW}_{\min} - 1
\end{aligned}
\tag{7.28}
$$

(3) 当 $T \geqslant T_e$, $P(S_{\text{hello}} \leqslant T) = 1$ 时,则有

$$F_T = P(S_{\text{hello}} \leqslant T) S_{\text{sc}} = S_{\text{sc}} \tag{7.29}$$

这里 S_{sc} 是网络中所有结点的分组碰撞概率的统计平均值,简称为结点的碰撞概率。由式 (7.28) 和式 (7.29) 得出,结点的邻居发现概率取决于分组碰撞概率,特别是当发现时间大于等于最大发现时间,即 $T \geqslant T_e$ 时,邻居发现概率就等于结点的碰撞概率。下面来分析定向邻居发现 hello 分组的碰撞概率。已知在采用全向天线时,分组碰撞仅发生在多个结点在同一时隙开始发送 hello 分组时。在这种条件下,hello 分组以概率 1 被碰撞,这是由于对于每个 hello 分组,每个结点仅发送一次。而采用定向天线,当两个或两个以上结点同时开始发送分组时,由于每个 hello 分组在每个结点处要发送 M 次,仅有部分次数发生碰撞 (在波束宽度大于 90° 时)。从这种意义上讲,采用定向天线进行邻居发现的分组碰撞概率比采用全向天线要小。

另一方面,采用定向天线使得每个结点发送数据时对邻结点的干扰区域减小,从而使得一个影响区域内不同结点对信道忙闲状态的认知不一致。而且在没有有效的专门针对定向天线的 MAC 接入协议的条件下,不同结点对信道忙闲状态的认知不一致就会使碰撞概率增加。如图 7.5 所示,结点 A 正向结点 B 发送分组,这时结点 C 认为信道闲,便开始向结点 A 的方向发送分组,此时就会发生碰撞。

而这种碰撞在采用全向天线的邻居发现中是不会发生的，这是由于采用全向天线时，一个影响区域内的所有结点对信道状态有统一的认知。在这种情况下，定向天线给结点带来了比全向天线更多的分组碰撞。

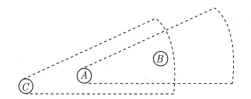

图 7.5　影响区内结点对信道忙闲认知不同引起的碰撞示意图

当采用全向天线时，分组碰撞一般发生在多个结点同时发送数据分组时，也就是仅在分组发送时刻发生了其他分组传输时会导致该分组发生碰撞。而在采用定向天线进行邻居发现时，不仅与本地结点同时开始发送分组的结点的数据传输会导致碰撞发生，而且本地结点发送分组之前和之后的其他结点对信道的占用也会导致本地结点分组碰撞。接下来对碰撞发生的时间进行分析。

由前面参数定义知，结点 A 开始发送 hello 分组的时刻为 t_A，则任何在 $[t_A - MF, t_A + MF]$ 开始发送自己 hello 分组的其他结点均有可能与结点 A 的 hello 分组发生碰撞。将 $[t_A - MF, t_A + MF]$ 称为结点 A 的碰撞期。只有碰撞期内结点的 hello 分组的发送会引起结点 A 的 hello 分组发生碰撞，在碰撞期以外其他结点的 hello 分组的发送不会引起结点 A 的分组的碰撞。因此，结点 A 的碰撞概率取决于其碰撞期内出现的结点数 c_A。而 c_A 与碰撞期 $[t_A - MF, t_A + MF]$ 的长度有关，容易看出 $[t_A - MF, t_A + MF]$ 的长度为 $2MF$。同等条件下，碰撞期越长，c_A 就越大，从而结点 A 的碰撞概率也就越高。

由于每个结点自己判定信道忙闲状态，按照无 ACK 回复的 DCF 协议的基本接入方式接入信道，而不同结点对信道忙闲状态的认知又不一致，这就使得一个结点的碰撞期内出现的结点数 c_A 难以预测。从而使得定向邻居发现中，分组碰撞概率不像全向传输时那样容易计算。因此，在 7.4.4 小节中将通过仿真的方法来对所提定向邻居发现算法的发现概率进行分析。

总地来讲，定向天线使得一个时隙内的分组碰撞概率减小，但又使得碰撞期延长，加上 MAC 层没有专门针对定向天线进行的接入控制机制，从而采用定向天线进行邻居发现碰撞概率不比全向天线低。

需要指出的是，虽然采用定向天线进行邻居发现时的分组碰撞概率比较高，但是这并不意味着采用定向天线进行数据传输时的分组碰撞概率高。因为进行数据传输时, 信号的发送和接收均采用定向天线, 这时的碰撞概率要比 TD 模式下的定向邻居发现要低得多。如果 MAC 层采用有效的定向接入控制机制, 使用定向天线的无线 Ad hoc 网络性能会大大优于传统的采用全向天线的无线 Ad hoc 网络。

7.4.4　仿真数据与理论分析的对比

本节依据算法模型对基于扫描的 DTOR 模式下的定向邻居发现算法的性能指标进行了大量的分析, 得出了每个结点完成邻居发现所用的最大时间, 也就是最大发现时间 T_e。当每个结点的发现时间不小于 T_e 时, 它将以概率 1 将 hello 分组发送至天线的各个波束方向。由于在初始化阶段所有结点一开机就要进行邻居发现, 当初始化进行了 T_e 时间的时候, 网络中所有结点将包含自己信息的 hello 分组发送出去。若信道零误码, 在时间 T_e 内发现所有邻结点的概率仅取决于各个 hello 分组在传输过程中发生碰撞的概率 S_{sc}。也就是说, 发现时间大于等于 T_e 时, 邻居发现成功的概率仅取决于 hello 分组传输的可靠性, 这一点可以由式 (7.28) 与式 (7.29) 看出。总之, hello 分组传输的可靠性是邻居发现概率的瓶颈。

在完成邻居发现算法的理论分析的基础上, 基于 NS-2 的仿真平台进行了仿真。NS 以往所有的发行版本与现有最新的版本中都没有包含定向天线模块, 一般的 NS 无线网络仿真都采用全向天线。为了实现对所提出的定向邻居发现算法的仿真, 对 NS-2.29 的构件库进行了扩展, 按照 NS 的分裂对象模型, 用 C++ 和 Otcl 两种面向对象的语言实现了对定向天线模块的设计。并在此基础上, 实现了对本章提出的定向邻居发现算法的性能仿真。

本次对采用定向天线的无线 Ad hoc 邻居发现算法的性能仿真, 主要针对算法的发现时间和发现概率两个指标进行的。下面给出仿真中使用的算法指标的定义。

(1) 最大发现时延: 一次邻居发现中, 所有结点在网络层将 hello 控制分组发送出去到结点收到最后一个 hello 控制分组所经历的时间的最大值。

(2) 平均发现时延: 一次邻居发现中, 所有结点在网络层将 hello 控制分组发送出去到结点收到最后一个 hello 控制分组所经历的时间的平均值。

(3) 发现概率: 一次邻居发现中, 网络中每个结点发现的邻结点数与该结点实际邻结点数比值的平均值。

(4) 系统参数设定: 仿真中所采用的系统参数。应用层采用 CBR 数据流作为业务源; 运输层采用面向无连接的 UDP 协议来承载 CBR 业务; 网络层采用 IP 协议, 路由协议是 AODV; MAC 层采用 IEEE 802.11 的 DCF 协议, 基本速率设为 1Mb/s。hello 分组帧长为 208bits。

(5) 仿真场景: 为了测试定向邻居发现算法在不同邻结点数的网络环境下的性能, 选择了四种不同的网络拓扑, 分别是由 3 个、5 个、7 个和 9 个移动结点组成的无线 Ad hoc 网络。结点均匀散布在 200m× 200m 的区域内, 仿真进行过程中, 结点是静止的。选择上述四种拓扑是为了测试算法在邻结点数分别为 2、4、6、8 时的最大发现时延、平均发现时延以及发现概率。图 7.6 为邻结点为 8 时的仿真拓扑。与理论分析的假设一致, 网络处于初始化阶段时, 无线 Ad hoc 网络中所有结点同时进行邻居发现。移动结点参数设置如表 7.1 所示。

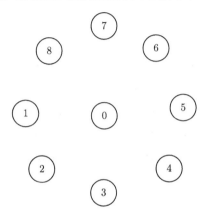

图 7.6　仿真中采用的网络拓扑 $(m = 8)$

表 7.1　移动结点参数设置

参数	数值
-channelType	Channel/WirelessChannel
-phyType	Phy/WirelessPhy
-propType	Propagation/TwoRayGround
-antType	Antenna/DirAntenna
-macType	Mac/802_11
-ifqType	Queue/DropTail/PriQueue
-llType	LL
-ifqLen	50
-adhocRouting	AODV
-agentTrace	OFF
-routerTrace	ON
-macTrace	OFF
-movementTrace	OFF

MAC 层参数设置如下。

Slot Time σ: 20 μs

SIFS: 10 μs

DIFS: 50 μs

将仿真得到的数据与前面理论分析得到的数据进行对比。考察非辅助 DTR 邻居发现算法获取最大发现概率的最大发现时延、邻结点发现概率以及平均发现时延随邻结点数 m、天线波束方向数 M 变化的情况。理论数据和仿真数据的参数取值都一样。

1. 最大发现时延

将仿真中的最大发现时延与理论分析得到的最大发现时延进行对比。如图 7.7 所示，四条虚线是仿真得到的波束宽度取不同值时的最大发现时延，而四条实线是由式 (7.21) 得到的波束宽度分别为 180°、90°、60°、45° 时的最大发现时延值。这两组曲线都是在最小竞争窗口 $\text{CW}_{\min} = 64$，hello 分组长度为 208 bits 的条件下得到的。可以看出随着邻结点数的增加，最大发现时延都是不断增加。

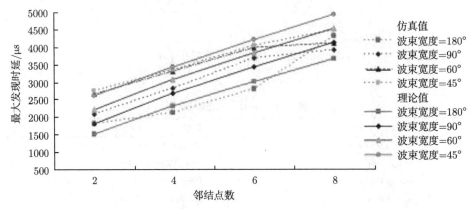

图 7.7   不同波束宽度下最大发现时延随邻结点数变化情况 ($\text{CW}_{\min} = 64$)

如图 7.8 所示，对应于邻结点数 $m = 6$ 的情况，虚线是仿真得到的最大发现时延随天线波束方向个数增加而变化的曲线图；实线是前面理论分析在同等条件下得到的数据。把理论分析得到的数据和仿真数据放到一起是为了验证理论的有效性和正确性。容易看出，理论和仿真得到的一次邻居发现中所需的最大发现时延都随天线波束方向个数的增加而增加，两者变化趋势大体一致。

图 7.8 中对最小竞争窗口分别为 32、64 和 128 时的最大发现时延进行了对比。可以看出，最小竞争窗口越小，所需最大发现时延越小。因为最小竞争窗口越小，

结点竞争接入信道时进行退避所用的时间就少，从而使得邻居发现所需的总时间减少。从减小最大发现时延的角度上讲，最小竞争窗口是越小越好，那么对于邻结点发现概率，最小竞争窗口又起着什么样的作用呢？接下来，对仿真得到的发现概率曲线进行分析。

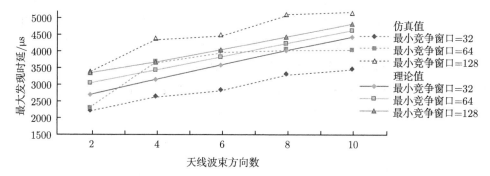

图 7.8 不同最小竞争窗口值时最大发现时延随天线波束方向数变化情况 $(m = 6)$

2. 邻结点发现概率

从图 7.9 中可知，最小竞争窗口值为 32 时，仿真得到的发现概率的平均值为 37%；而当最小竞争窗口值增加时，发现概率随之增加。这是因为最小竞争窗口值越大，碰撞概率就越小，所以从提高发现概率的角度上讲，最小竞争窗口值越大越好。但是由图 7.8 已知，最小竞争窗口值越大，最大发现时延就越大。因此在最小竞争窗口的选择上有一个折中，在实际工程应用中应根据具体情况选择最佳的最小竞争窗口值。

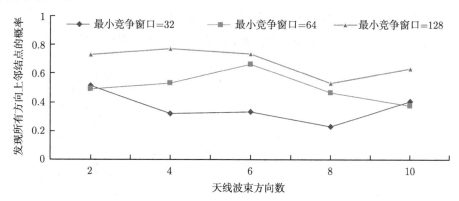

图 7.9 不同最小竞争窗口值时发现概率随天线波束方向数增加的变化图 $(m = 6)$

3. 平均发现时延

最大发现时延是非辅助定向邻居发现算法的一个重要内部参数，它确定了一个结点进行一次邻居发现所需时间的上限。同时，平均发现时延也是要关注的一个性能指标，它是网络中所有结点的最大发现时延的均值，是结点进行一次邻居发现所需的平均时间。不同场景下的平均发现时延随邻结点数增加的变化曲线图。如图 7.10 所示可以明显看出，随着邻结点数的增加，在一次邻居发现中，一个结点发现自己所有邻结点的概率在减小。前面的分析已知，在发现时延大于等于最大发现时延的条件下，结点发现所有邻结点的概率等于分组在被发送出去后不被其他分组碰撞的概率。因此，碰撞概率越高，发现概率就越小。

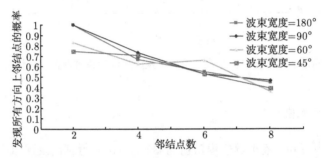

图 7.10　不同波束宽度条件下，发现概率随邻结点数增加的变化图 ($CW_{min} = 64$)

也就是说，随着邻结点数的增加，碰撞概率在增加。这是由于邻结点数越多，信道竞争就越激烈，从而碰撞概率就越大。这里的发现概率不像全向天线那样令人满意，但这仅是一次邻居发现的发现概率，在实际应用中可以通过多次的邻居发现来获取高的累积发现概率。这种方法是可行的，由于即使采用全向天线进行邻居发现，也需要周期性的进行，以获取最新的邻结点信息。

图 7.11 中的虚线表示仿真得到的数据曲线，而实线是理论曲线。可以看出平

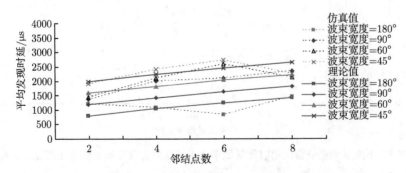

图 7.11　不同天线波束宽度时平均发现时延随邻结点数的变化情况 ($CW_{min} = 64$)

均发现时延的理论值与仿真数据的变化趋势是一致的,随着邻结点数的增加,两者都缓慢增加。定向天线的波束方向越窄,平均发现时延越大。

7.5 本章小结

在第 6 章采用定向天线无线 Ad hoc 网络研究的基础上,本章对采用定向天线的无线 Ad hoc 网络的邻居发现算法进行了深入的研究和分析。考虑到现有的邻居发现算法大都要依赖 GPS 定位信息或其他信息以获取全网时间同步,本章提出了基于扫描的定向邻居发现 (SBDND) 算法,涉及 DTOR 和 DTR 两种模式。DTR 定向邻居发现算法的最大特点是无线多跳网络的邻结点发现不依赖于任何其他网络之外信息,就可以以分布式的方式实现网络结点的邻结点发现。

考虑到基于扫描的 DTOR 和 DTR 两种模式下的非辅助邻居发现算法思想的相似性,对基于扫描非辅助的 DTOR 定向邻居发现算法进行了理论分析。首先对算法建模,然后以该模型为基础分别对邻居发现时延和邻居发现概率进行计算,最后得出一次邻居发现中所需最大发现时延和在此时间内发现所有邻结点的概率,并对影响最大发现时延和发现所有邻结点概率的各种因素进行分析,为算法参数的选取提供依据。

最后对该算法进行了仿真,以对该算法的参数和性能做进一步的研究。在对定向邻居发现算法进行仿真之前,首先对 NS-2.29 的网络构件进行了扩展,设计并添加了定向天线模块。然后在此基础上搭建合适的网络场景,对基于扫描的 DTOR 邻居发现算法进行仿真,并将得到的仿真数据与理论分析结果进行对比,两者大体上是吻合的。

在设计邻居发现算法参数时,要综合最大发现时延和最大发现概率的要求进行选择和设计。上述结论是在网络初始化阶段进行一次邻居发现的条件下得到的发现时延和发现所有邻结点的概率。如果邻居发现周期进行,则发现概率将会提高,而得到的最大发现时延可以为邻居发现进行的周期设定提供依据和参考。

第8章 纯定向收发模式下无线多跳网络的邻居发现与跨层设计

已有的无线多跳网络的定向邻居发现算法大都仅支持 DTOR 邻居发现。鉴于 DTR 邻居发现的难度较大,现存的 DTR 邻居发现算法均需依赖来自 GPS 或其他设备的结点位置或者时间同步等辅助信息,然而实际的无线多跳网络在民用或军事应用环境下不一定能提供这些辅助信息和设备。

为此,本章为采用定向天线的无线多跳网络提出了一种新的 DTR 邻居发现算法——非辅助的定向邻居发现 (unaided directional neighbor discovery, UADND) 算法。UADND 算法能够不依赖结点位置、同步信息等辅助信息而独立完成 DTR 邻居发现;由于 DTR 模式具有比 DTOR 模式更远的射程,UADND 算法能发现那些不能被 DTOR 邻居发现算法发现的更远的邻结点,因此,UADND 算法比一般的 DTOR 邻居发现算法更有意义。UADND 算法首先利用 DTR 与 DTOR 两种通信模式射程之间的几何关系,通过容易发现的 DTOR 邻结点去发现 DTR 邻结点,这保证了 UADND 算法的非辅助性。其次,UADND 算法采用跨层设计的思想将定向邻居发现与路由结合在一起,邻居发现在路由协议执行的过程中一并完成。UADND 算法将跨层设计的思想引入到有效支持定向传输的无线多跳网络,将邻居发现与路由选择结合起来,有效减小邻居发现的开销和能耗,仿真结果验证了该算法的有效性。

8.1 DTR 定向邻居发现算法模型

一个无线多跳网络可以用 $G = (V, E)$ 表示,V 是网络中所有结点的集合,E 为网络中所有定向链路的集合。$\forall l \in E$,$l = (s_l, d_l, o_l)$,其中 s_l 和 d_l 分别是定向链路 l 的发送结点和接收结点,o_l 表示该链路相对于 s_l 的方向。定向天线采用如图 7.1 所示的天线,天线可以在 M 个不同波束之间随意切换,但同一时间结点只能使用其中的一个波束进行定向发送或接收。定向天线通过 M 个波束去覆盖结点周围 360° 范围的区域 (下面的讨论中将 M 取为 6),设 $j \in [1, M]$ 为结点的某一波束，分别用 $N_{\mathrm{DTOR}}^{i,j}$ 和 $N_{\mathrm{DTR}}^{i,j}$ 表示网络中的任意一个结点 i 在 DTOR 模式和 DTR 模式下 j 波束范围内邻结点的集合。令 N_{DTOR}^{i} 和 N_{DTR}^{i} 分别为结点 i 在 DTOR 模式和 DTR 模式下所有邻结点的集合，则有

$$\bigcup_{j\in[1,M]} N_{\mathrm{DTR}}^{i,j} = N_{\mathrm{DTR}}^{i} \tag{8.1}$$

$$\bigcup_{j\in[1,M]} N_{\mathrm{DTOR}}^{i,j} = N_{\mathrm{DTOR}}^{i} \tag{8.2}$$

在发射功率相等时有 $N_{\mathrm{DTOR}}^{i} \subseteq N_{\mathrm{DTR}}^{i}$。发现 N_{DTOR}^{i} 或完成 DTOR 邻居发现是比较容易的，可以通过结点 i 全向接收和其他结点定向广播 hello 分组来实现，如 7.2 节中基于扫描的邻居发现算法可以完成 DTOR 邻居发现。因此，完成 DTR 邻居发现的难点在于发现属于 $N_{\mathrm{DTR}}^{i} - N_{\mathrm{DTOR}}^{i}$ 的结点。

参数定义如下。

G_{O} 与 G_{D}：分别为全向天线和定向天线的增益，由于定向天线仅将信号能量散布到目标波束方向，因此 G_{D} 一般比 G_{O} 大。

$P_{\mathrm{T}}^{\mathrm{DTOR}}$ 和 $P_{\mathrm{T}}^{\mathrm{DTR}}$：分别是 DTOR 模式和 DTR 模式下的发射功率。

P_{R}：接收机的最小接收功率。

λ：信号的波长。

A_{R}：接收天线的孔径。

当信号的发射功率为 P_{T}，传播距离 d 后到达接收端的功率密度 S 为

$$S = \frac{P_{\mathrm{T}} G_{\mathrm{T}}}{4\pi d^2} \tag{8.3}$$

接收功率 P 为

$$P = S A_{\mathrm{R}} \tag{8.4}$$

其中，A_{R} 可以由下式给出 (Guo et al., 1998)：

$$A_{\mathrm{R}} = \frac{G_{\mathrm{R}} \lambda^2}{4\pi} \tag{8.5}$$

进而可得接收功率 P

$$P = \frac{P_{\mathrm{T}} G_{\mathrm{T}} G_{\mathrm{R}}}{(4\pi d)^2} \lambda^2 \tag{8.6}$$

其中，G_{T} 是发射天线增益；G_{R} 是接收天线增益。当接收功率 P 等于最小接收功率 P_{R} 时，$d = r$，r 为收发结点之间的最大距离 (射程)：

$$r = \frac{\lambda}{4\pi} \sqrt{\frac{P_{\mathrm{T}}}{P_{\mathrm{R}}}} \sqrt{G_{\mathrm{T}} G_{\mathrm{R}}} \tag{8.7}$$

利用式 (8.7) 可以得出 DTOR 和 DTR 两种模式下各自的射程:

$$r_{\mathrm{DTOR}} = \frac{\lambda}{4\pi} \sqrt{\frac{P_{\mathrm{T}}^{\mathrm{DTOR}}}{P_{\mathrm{R}}}} \sqrt{G_{\mathrm{D}} G_{\mathrm{O}}} \tag{8.8}$$

$$r_{\mathrm{DTR}} = \frac{\lambda}{4\pi} \sqrt{\frac{P_{\mathrm{T}}^{\mathrm{DTR}}}{P_{\mathrm{R}}}} \sqrt{G_{\mathrm{D}} G_{\mathrm{D}}} \tag{8.9}$$

用 r_{DTR} 与 r_{DTOR} 的比值反映两者的几何关系:

$$\frac{r_{\mathrm{DTR}}}{r_{\mathrm{DTOR}}} = \sqrt{\frac{P_{\mathrm{T}}^{\mathrm{DTR}} G_{\mathrm{D}}}{P_{\mathrm{T}}^{\mathrm{DTOR}} G_{\mathrm{O}}}} \tag{8.10}$$

8.2　借助 DTOR 邻居发现 DTR 邻居

在进行 DTOR 邻居发现时, 每个结点定向发送一个 hello 分组, 全向地接收来自其他结点的 hello 分组, 该分组包含发送结点 ID 和该分组被发送时所用的波束方向 ID。结点收到一个 hello 分组意味着它发现了一个 DTOR 邻结点, 且与该 DTOR 邻结点通信时采用的波束方向为 hello 分组内波束方向的相反方向。通过这种方法, 结点可以完成 DTOR 邻居发现。然后利用 DTOR 模式与 DTR 模式的射程之间的几何关系, 借助已发现的 DTOR 邻居完成 DTR 邻居发现。

令 $n = \dfrac{r_{\mathrm{DTR}}}{r_{\mathrm{DTOR}}}$。若 n 为正整数, 则结点的 1、2、$\cdots$、n 跳 DTOR 邻结点均为该结点的 DTR 邻结点。由式 (8.10) 可得

$$\frac{P_{\mathrm{T}}^{\mathrm{DTR}} G_{\mathrm{D}}}{P_{\mathrm{T}}^{\mathrm{DT}} G_{\mathrm{O}}} = n^2 \tag{8.11}$$

在 G_{O} 和 G_{D} 确定的条件下, 式 (8.11) 可以通过调整 DTOR 和 DTR 两种模式下的发射功率来使 n 为正整数。

图 8.1 给出了一个 $n = 2$ 时的例子。图中给出一个由多个结点组成的无线多跳网络, 其中结点 B 周围的小圆内区域为其 DTOR 影响区域, 大圆内区域也就是 DTOR 影响区域与阴影区域之和, 为其 DTR 影响区域。结点 A 为结点 B 的 DTOR 邻结点, 则结点 A 的所有 DTOR 邻结点为结点 B 的 2 跳 DTOR 邻结点。从图 8.1 中可以看出结点 B 的所有 DTOR 邻结点 (即 1 跳邻结点) 和 2 跳 DTOR 邻结点均被包含在结点 B 的 DTR 覆盖范围之内。即结点 A、L、I、C、J、N、S、M、E、K 均为结点 B 的 DTR 邻结点, 其中结点 A、L、I、C、J、N 为结点 B 的 DTOR(1 跳) 邻结点, 结点 S、M、E、K 为结点 B 的 2 跳 DTOR 邻结点。并且, 如果结点

A 是结点 B 在波束 1 内的 DTOR 邻结点,则结点 A 的所有波束 1 内的 DTOR 邻结点均是结点 B 的波束 1 内的 DTR 邻结点。同理可得结点 M、E、K 分别为结点 B 在波束 2、3、5 内的 DTR 邻结点。UADND 算法利用这样的几何关系通过已经发现的 DTOR 邻结点去发现更重要的 DTR 邻结点。

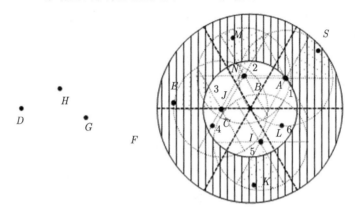

图 8.1 DTR 邻结点与 DTOR 邻结点之间的关系

8.3 联合路由的非辅助 DTR 定向邻居发现算法

8.3.1 定向邻居发现与路由的结合

定向邻居发现是按照一定的策略获取并维持每个邻结点及其所在的方位,这样当有数据发送或接收时,结点就可以依据通过邻居发现获取的邻结点信息完成正确的信息交互。而路由协议的目的是让结点发现和维持到达网络中其他结点的路径。通过对比可以发现,在采用智能天线的网络中,邻结点发现的过程与路由策略的过程很类似,前者实质上是要获取并维持到达邻结点的一条路径 (即发送数据到邻结点所用的波束方向);而后者却要获取并维持到目的结点的一条路径。为此,UADND 算法采用将邻居发现与路由结合的跨层设计策略,通过将用于邻居发现的 hello 分组搭载到无线多跳网络路由协议的路由控制分组中,使邻居发现在获取和维持路由的过程中一并完成。

按照路由发现和维持的策略,现有的无线多跳网络路由机制可分为主动路由协议和被动路由协议两大类。主动路由协议是修改有线网络的路由协议以适应自组织网环境而得来的,其路由发现策略类似于传统有线网络中的路由协议。所有的路由在一开始就确定下来,各结点通过周期性地广播路由信息分组,交换路由信息来维持和更新路由。而且, 结点必须维护去往全网所有结点的路由。被动路由协议的路由发现思想是仅在源结点有分组要发送且本地没有去往目的结点的路由时, 才 "按需" 进行路由发现并建立所需路由。网络每个结点不需要维持去往其他所有结点的路由信息。拓扑结构和路由表内容是按需建立的, 它可能仅仅是整个拓扑结构信息的一部分。按需路由协议通常由路由发现和维护两个过程组成。通过向网络中广播一个 "路由请求" 分组就可进行路由发现。与主动路由协议相比, 被动路由协议中, 结点不需要建立和实时维护到全网中所有结点路由信息, 进而可以减少周期性路由信息的广播, 节省大量的网络资源。而动态变化的拓扑结构可能使得主动路由协议获得的路由协议信息很快变成过时信息, 路由协议始终处于不收敛状态。

考虑到无线多跳网络动态拓扑、带宽与能耗受限的特点, UADND 算法采用被动的邻结点发现与维护策略, 将邻居发现与典型的被动路由协议 AODV 相结合。

定理　给定一个链路, 结点在该链路上分别发送两个分组的所需能量大于结点将这两个分组一起发送出去所需的能量。

证明　采用文献 (Doshi et al., 2002) 给出的能量模型, 结点发送长度为 D 个字节的分组所需的能量 $E(D)$ 为

$$E(D) = K_1 D + K_2 \quad (K_1 > 0, K_2 > 0) \tag{8.12}$$

其中, K_1 与 K_2 取决于 MAC 层与物理层的一些参数 (如 MAC 帧头长度、信道基本速率等), 与分组长度 D 无关。

令 D_1 和 D_2 分别为这两个分组的长度, 由式 (8.12) 可得

$$E(D_1 + D_2) < E(D_1) + E(D_2) \tag{8.13}$$

证毕。

UADND 算法将用于邻居发现的 hello 分组搭载到被动路由协议 AODV 的路由控制分组中, 使邻居发现在获取和维持路由的过程中一并完成。由定理可知搭载会减小网络总能耗, 这种利用搭载和跨层设计的思想使 UADND 算法成为一个节能、高效的邻居发现算法。

8.3.2　算法描述

在邻居发现算法执行过程中, 结点空闲时, 进行全向接收; 有控制分组要发送时, 结点定向地将其发送出去。在广播分组时, 结点用其定向天线依次在各个波束方向上发送广播分组。

下面结合图 8.1 对 $n = 2$、$M = 6$ 时的 UADND 算法进行描述。用于邻居发现的 hello 分组被搭载到 AODV 的 RREQ、RREP 以及 RERR 等用于路由发现和路由维护的控制分组上。这样就可以在获取和维护路由信息的过程中获得并维护结点的 DTOR 和 DTR 邻居结点信息。UADND 算法仅为有数据要发送的结点及其所选路径上结点维护所需的 DTOR 和 DTR 邻居结点信息，这种按需的设计使得 UADND 算法具有小的开销。

UADND 算法中用于邻居发现的 hello 分组可以表示为 $(j, s, N_{\mathrm{DTOR}}^{s,k})$，其中 j 为该分组被定向发送出去时采用的波束方向，s 是发送结点的 ID，$N_{\mathrm{DTOR}}^{s,k}$ 为结点 s 在波束方向 k 上所有 DTOR 邻结点组成的集合，波束方向 k 为方向 j 的相反方向。

假定在图 8.1 中结点 S 有数据发往结点 D，并且没有到达结点 D 的有效路径，这时结点 S 会通过泛洪一个 RREQ 分组来触发路由发现过程，这里的 RREQ 分组中携带有 hello 分组。结点 A 在结点 S 的编号为 4 的波束方向上，当它收到来自结点 S 的 RREQ 分组 (包含 hello 分组) 时，结点 A 认为其发现了一个在波束方向 1 上的 DTOR 邻结点 S。同时，结点 A 将邻结点 S 和 $N_{\mathrm{DTOR}}^{S,1}$ 内所有结点列入其波束方向 1 上的 DTR 邻居列表，其中 $N_{\mathrm{DTOR}}^{S,1}$ 取自结点 A 收到的结点 S 的 hello 分组 $(4, S, N_{\mathrm{DTOR}}^{S,1})$，在图 8.1 所示拓扑中，$N_{\mathrm{DTOR}}^{S,1}$ 为空集。按照 AODV 路由发现的要求，在结点 A 没有到达结点 D 的路由的情况下对 RREQ 分组进行转播 (收到分组后对其进行广播)，在转播之前，结点 A 按照上述对 $(j, s, N_{\mathrm{DTOR}}^{s,k})$ 内各个变量的定义对其中的 hello 分组进行相应修改。

结点 A 在转播 RREQ 分组的过程中，当其天线指向波束方向 4 时，hello 分组为 $(4, A, N_{\mathrm{DTOR}}^{A,1})$，$N_{\mathrm{DTOR}}^{A,1}$ 为结点 A 在波束方向 1(波束方向 4 的相反方向) 上的所有 DTOR 邻结点的集合，这里 $N_{\mathrm{DTOR}}^{A,1} = \{S\}$。这样收到结点 A 转播来的 RREQ 分组时，结点 B 不仅发现了 DTOR 邻结点 A (即 $A \in N_{\mathrm{DTOR}}^{B,1}$)，而且发现了 DTR 邻结点 S，且 $S \in N_{\mathrm{DTR}}^{B,1} - N_{\mathrm{DTOR}}^{B,1}$。由于在路由发现过程中，在没有获取到达结点 D 的路径之前，网络中的所有收到 RREQ 分组的结点都要对 RREQ 分组转播，对 RREQ 分组的泛洪结束后，这些结点均发现了其 DTOR 邻结点和该结点上游方向 (到源结点 S 的方向) 的 DTR 邻结点。

当目的结点 D 收到 RREQ 分组后，会向结点 S 发送一个 RREP 分组并将 hello 分组搭载其中。其他收到 RREQ 分组的结点若具有到达结点 D 的路径，且该路径上的结点均已获得最新的邻结点信息。这时也会向结点 S 发送一个 RREP 分组。RREP 分组到达结点 S 时，结点 S 获得了一条到达目的结点 D 的最新路由如图 8.2 所示，且该路径上所有结点均获得了下游方向 (到目的结点 D 的方向)

的 DTR 邻结点。为此当路由发现结束时 (即邻居发现结束时)，不仅源结点获取了最新的源到目的的一条路径，而且该路径上所有结点均获取了完成该路径上分组传输所需的所有 DTOR 与 DTR 邻结点信息，即同时完成了按需的路由和按需的定向 DTOR 与 DTR 邻居发现。如图 8.2 所示，路由发现找到了结点 S 到结点 D 的路径，当 RREQ 分组到达结点 D 时泛洪结束。这时该路径上每个结点会发现其 DTOR 邻结点及相关 DTR 邻结点，如结点 B 发现结点 S 为其波束 1 上的 DTR 邻结点；结点 C 发现结点 A 为其波束 1 上的 DTR 邻结点；结点 H 发现结点 F 为其波束 6 上的 DTR 邻结点等 (其中结点 S、A、F 分别位于结点 B、C、H 的上游方向)。而当 RREP 分组到达源结点 S 时，结点 S、A、F 才分别发现结点 B、C、H 这些下游方向上的 DTR 邻结点。

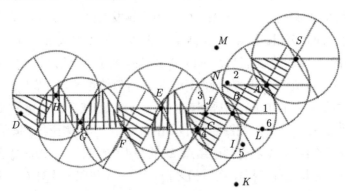

图 8.2　路由发现获取的结点 S 到结点 D 之间的路径

在上述的路由发现过程中获取的 DTOR 和 DTR 邻居结点信息会在路由维护的过程中得到更新。另外鉴于 r_{DTR} 大于 r_{DTOR}，利用 DTR 邻结点可以实现路由维护过程中的本地修复，增加网络连通性，减小路由维护的开销。如图 8.3 所示，

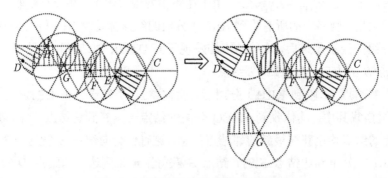

图 8.3　结点移动引起的路由本地修复

结点 G 的移动使得结点 S 到结点 D 的路径断开, 这时结点 H 和结点 F 会发现其到结点 G 的链路断开, 它们将结点 G 从其 DTOR 和 DTR 邻居列表中删除, 然后进行本地修复。在本地修复过程中, 结点 H 和结点 F 查看各自的 DTOR 和 DTR 邻居列表, 发现它们通过 DTR 传输模式可以直接到达对方, 接着它们分别将其天线定向指向对方建立之间的 DTR 链路继续进行数据传输, 进而完成路由中断的本地修复。如果结点 H 和结点 F 之间不存在 DTR 或 DTOR 链路, 本地修复就会失败, 这时 RERR 分组被发送出去以进行路由维护和更新, UADND 算法将路由断开而引起的邻居信息的变化包含在 RERR 分组中, 实现对邻居信息的维护和更新。

8.4 仿真结果与分析

仿真中, MAC 层采用 IEEE 802.11 协议。让 50 个结点在 $1500\text{m} \times 1500\text{m}$ 的仿真区域内随机移动, 移动过程中的停留时间取为 0s、50s、100s 或者 200s(停留时间反映结点的移动性, 其值越小, 结点的移动性就越强), 网络中最大源宿连接对数有 20 个, 业务源的产生速率为 4packet/s 或 8packet/s, 仿真持续时间为 250s。

仿真的目的是研究邻居发现算法的开销和能耗。开销是指完成定向邻居发现过程中产生的控制分组的总数目, 能耗是指完成邻居发现消耗的总的电量。对 UADND 算法与 TR-BF 算法 (Ramanathan et al., 2005) 进行性能对比, TR-BF 算法通过让每个结点周期性发送 hello 分组来实现 DTR 邻居发现, 仿真中其发送周期设为 5s(周期固定使得 TR-BF 算法的开销与能耗均固定)。图 8.4 与图 8.5 分别给出了不同移动性和不同网络负荷条件下邻居发现算法的开销。可以看出不同情形下,

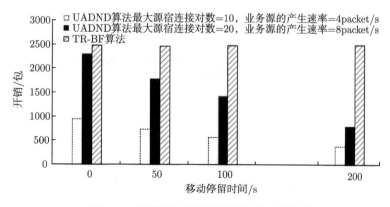

图 8.4 开销随结点移动停留时间变化情况

UADND 算法的开销要低于 TR-BF 算法。这是由于 UADND 算法仅为有数据要传输的结点及其路径上相关结点发现和维持邻居信息，而 TR-BF 算法却要为网络中每个结点周期性地发现和维持邻居信息。

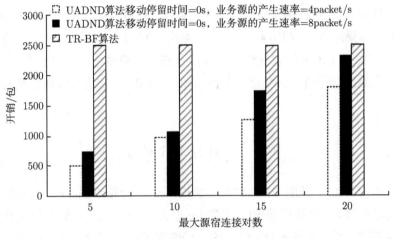

图 8.5　不同网络负荷下的开销对比图

从图 8.6 与图 8.7 中可以看出，在不同移动性与网络负荷情形下，UADND 算法

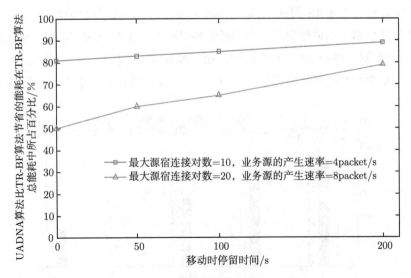

图 8.6　能耗随结点移动程度变化图

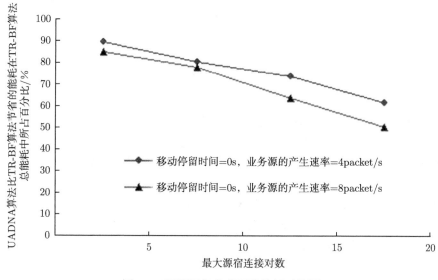

图 8.7　不同网络负荷下的能耗对比图

的能耗均小于 TR-BF 算法。一方面，UADND 算法的简单性和小的控制开销会减小其能量消耗；另一方面，将邻居发现与路由结合的设计也减小了 UADND 算法的能耗，由于邻居发现控制分组被搭载到路由控制分组中，定理已证明了这种搭载对减小能耗的意义。UADND 算法是第一种利用搭载思想的 DTR 邻居发现算法，其他算法，如 TR-BF 算法、基于轮询的 DTR DND 算法、基于 TDMA 的 DTR 邻居发现算法等，均将邻居发现控制分组周期性单独发送，因此比 UADND 算法的开销和能耗更大。

8.5　本章小结

　　本章研究了采用智能天线时无线多跳网络的邻居发现问题，提出了非辅助的定向邻居发现算法——UADND 算法，该算法可以在不依赖 GPS、时间同步等措施的条件下为无线多跳网络发现 DTR 邻结点。UADND 算法利用跨层设计思想，将 UADND 算法与路由机制结合起来。仿真表明，相较其他定向邻居发现算法，UADND 算法能够以较小的控制开销和较低的能耗完成无线多跳网络的定向邻居发现。UADND 算法解决了独立完成 DTR 定向邻结点发现难的问题，不仅使通过采用定向天线提升网络容量成为可能，而且最大程度发挥了定向天线在无线多跳网络中的潜力与优势。

参 考 文 献

方旭明, 2006. 下一代无线因特网技术: 无线 Mesh 网络 [M]. 北京: 人民邮电出版社.

李建东, 2001. 信息网络理论基础 [M]. 西安: 西安电子科技大学出版社.

盛敏, 李建东, 史琰, 2004. 应用于 Ad hoc 网络中的密度自适应泛洪广播策略 [J]. 电子学报, 32(7): 1191-1194.

王金龙, 王呈贵, 2004. Ad hoc 移动无线网络 [M]. 北京: 国防工业出版社.

徐雷鸣, 庞博, 赵耀, 2003. NS 与网络模拟 [M]. 北京: 人民邮电出版社.

岳鹏, 文爱军, 赵瑞琴, 等, 2008. IEEE 802.11 MAC 协议帧服务时延分析和在拥塞控制中的应用[J]. 西安电子科技大学学报, 35(3): 409-415.

赵瑞琴, 刘增基, 2006. 采用定向天线的 MANET 邻居发现算法研究 [J]. 无线电通信技术, 32(4): 30-33.

赵瑞琴, 刘增基, 文爱军, 2008. 有效延长无线传感器网络寿命的分布式广播算法 [J]. 高技术通讯, 18(5): 469-474.

赵瑞琴, 刘增基, 文爱军, 2009. 一种适用于无线传感器网络的高效节能广播机制 [J]. 电子学报, 37(11): 2457-2462.

赵瑞琴, 刘增基, 杨君刚, 2007a. 无线移动自组织网络路由协议性能分析 [J]. 计算机科学, 34(7): 55-57.

赵瑞琴, 申晓红, 姜喆, 2017. 水声信息网络基础 [M]. 西安: 西北工业大学出版社.

赵瑞琴, 申晓红, 王海燕, 等, 2014. 基于最佳转播模型的无线多跳网络广播机制及性能分析 [J]. 计算机学报, 37(2): 335-343.

赵瑞琴, 文爱军, 刘增基, 等, 2007b. 有效支持智能天线的 MANET 邻结点发现算法与分析 [J]. 西安电子科技大学学报, 34(3): 342-347.

赵瑞琴, 张效民, 张歆, 2010. 一种有效的分布式节能广播算法及性能分析 [J]. 系统仿真学报, 22(2): 463-467.

ABOLHASAN M, WYSOCKI T, DUTKIEWICZ E, 2004. A review of routing protocols for mobile Ad hoc networks[J]. Ad hoc Networks, 2(1): 1-22.

AGARWAL M,CHO J H, GAO L, et al., 2005. Energy efficient broadcast in wireless Ad hoc networks with hitch-hiking[J]. Mobile Networks and Applications, 10(6): 897-910.

AGARWAL M, CHO J H, GAO L, et al., 2004. Energy efficient broadcast in wireless Ad hoc networks with hitch-hiking[C]. Joint Conference of the Ieee Computer & Communications Societies, IEEE, Hong Kong, China,3: 2096-2107.

AKYILDIZ I F, SU W, SANKARASUBRAMANIAM Y, et al., 2002.A survey on sensor networks[J]. IEEE Communications Magazine, 40(8): 102-114.

AKYILDIZ I F, WANG X D, WANG W, 2005. Wireless mesh networks: A survey[J]. Computer Networks March, 47(4): 445-487.

AMIRI E, HOOSHMAND R, 2019.Improving AODV with TOPSIS algorithm and fuzzy logic in VANETs[C]. 27th Iranian Conference on Electrical Engineering (ICEE), Yazd, Iran.

ANSI/IEEE STD 802.11, 1999 Edition (R2003), 2003. Part 11: Wireless lan medium access control (MAC) and physical layer (PHY) specifications[M]. New York: Inc. 3 Park Avenue.

BAROLLI L, HONMA Y, KOYAMA A, et al., 2004. A selective border-casting zone routing protocol for Ad-Hoc networks[C]. 15th International Workshop on Database and Expert Systems Applications (DEXA 2004), with CD-ROM, Zaragoza, Spain.

BASAGNI S, CONTI M, GIORDANO S, et al., 2004.Ad hoc networking[J]. International Journal of Computer Science Engineering & Technology, 6(1): 31-36.

BEIN D, DATTA A K, JAGGANAGARI C R, et al., 2005. A self-stabilizing link-cluster algorithm in mobile Ad hoc networks[C]. International Symposium on Parallel Architectures, Las Vegas, NV: 564-570.

BERTSEKAS D, GALLAGER R, 1992. Data Network[M]. Upper Saddle River: Prentice Hall.

BI Y, SHAN H, SHEN X S, et al., 2016.A multi-hop broadcast protocol for emergency message dissemination in urban vehicular Ad hoc networks[J]. IEEE Transactions on Intelligent Transportation Systems, 17(3): 736-750.

BIANCHI G, 2000. Performance analysis of the IEEE 802.11 distributed coordination function[J]. IEEE Journal on Selected Areas in Communications, 18(3): 535-547.

BROCH J, MALTZ D A, JOHNSON D, et al., 1998. A performance comparison of multi-hop wireless Ad hoc network routing protocols[C]. MobiCom'98 Proceedings of the 4th Annual ACM/IEEE International Conference on Mobile Computing and Networking, Dallas, Texas, USA: 85-97.

BRUNO R, CONTI M, GREGORI E, 2005. Mesh networks: Commodity multihop Ad hoc networks[J]. IEEE Communications Magazine, 43(3): 123-131.

CAGALJ M, HUBAUX J P, ENZ C, 2002. Minimum energy broadcast in all wireless networks: np completeness and distribution issues[C]. Eighth International Conference on Mobile Computing & Networking, Atlanta, USA: 172-182.

CHANG N B, LIU M, 2007. Controlled flooding search in a large network[J]. IEEE/ACM

Transactions on Networking, 15(2): 436-449.

CHEN T W, GERLA M, 1998. Global state routing: A new routing scheme for Ad-Hoc wireless networks[C]. Proceedings of IEEE ICC'98, Atlanta, USA: 171-175.

CHIANG C C, GERLA M, 1997. Routing and multicast in multihop, mobile wireless networks[C]. Proceedings of the IEEE 6th International Conference on Universal Personal Communications (ICUPC'97), San Diego, USA, 2: 546-551.

CHLAMTAC I, CONTI M, LIU J, 2003. Mobile Ad hoc networking: Imperatives and challenges[J]. Ad hoc Networks, 1(1): 13-64.

CHOUDHURY R R, VAIDYA N H, 2004. Deafness: A MAC problem in Ad hoc networks when using directional antennas[C]. Proceedings of the 12th IEEE International Conference, Berlin, Germany: 283-292.

CHOUDHURY R R, YANG X, RAMANATHAN R, 2002. Using directional antennas for medium access control in Ad hoc networks[C]. Proceedings of ACM MOBICOM, Atlanta, Georgia: 59-70.

CHRYSSOMALLIS M, 2000. Smart antennas[J]. IEEE Antennas and Propagation Magazine 42(3): 129-138.

DURRESI A, PARUCHURI V K, 2007. Broadcast protocol for energy-constrained networks[J]. IEEE Transactions on Broadcasting, 53(1): 112-119.

DURRESI A, PARUCHURI V K, IYENGAR S S, et al., 2005. Optimized broadcast protocol for sensor networks[J]. IEEE Transactions on Computers, 54(8): 1013-1024.

DOSHI S, BROWN T X, 2002. Minimum energy routing schemes for a wireless Ad hoc network[C]. IEEE INFOCOM, New York, USA: 128-136.

EGECIOGLU O, GONZALEZ T F, 2001. Minimum-energy broadcast in simple graphs with limited node power[C]. Proceedings of PDCS, Richardson, Texas, USA: 334-338.

GARCIA-LUNA-ACEVES J J, ROY S, 2005. On-demand loop-free routing with link vectors[J]. IEEE Journal on Selected Areas in Communications, 23(3): 533-546.

GRILO A, MACEDO M, SEBASTIAD P, et al., 2005. Stealth optimized fisheye state routing in mobile Ad-Hoc networks using directional antennas[C]. IEEE Vehicular Technology Conference, Stockholm, Sweden, 4: 2590-2596 .

GUO T X, LIU Z J, WANG X M, et al., 1998. Data Transmission[M]. 2nd edition. Beijing: Posts & Telecom Press.

GUPTA P, KUMAR P R, 2000. The capacity of wireless networks[J]. IEEE Transactions on Information Theory, 46(2): 388-404.

HEINZELMAN W R, CHANDRAKASAN A, BALAKRISHNAN H, 2000. Energy-efficient communication protocol for wireless microsensor networks[C]. Proceedings of the 33rd annual hawaii international conference on system sciences, Maui, USA, 2: 10.

HONG Y W, SCAGLIONE A, 2006. Energy-efficient broadcasting with cooperative trans-
missions in wireless sensor networks[J]. IEEE Transactions on Wireless Communica-
tions, 5(10): 2844-2855.

HU Y C, DAVE A M, DAVID B J, 2007. The dynamic source routing protocol (DSR) for
mobile ad hoc networks for IPV4[S]. IETF. RFC4728, rice university, maltz microsoft
research.

HUI X, JEON M, LEI S, et al., 2006.Impact of practical models on power aware broadcast
protocols for wireless Ad hoc and sensor networks[C]. IEEE Workshop on Software
Technologies for Future Embedded & Ubiquitous Systems & the Second International
Workshop on Collaborative Computing, Integration, Gyeongju, South Korea.

INGELREST F,SIMPLOT-RYL D, 2005. Localized broadcast incremental power protocol
for wireless ad hoc networks[C]. IEEE Symposium on Computers & Communications,
La Manga del Mar Menor, Cartagena, Spain.

JAKLLARI G, LUO W, KRISHNAMURTHY S V,2005. An integrated neighbor discovery
and mac protocol for Ad hoc networks using directional antennas[J]. Wireless Commu-
nications IEEE Transactions, 6(3): 1024-1114.

JOA-NG M, LU I T, 1999. A peer-to-peer zone-based two-level link state routing for mobile
Ad hoc networks[J]. IEEE Journal on Selected Areas in Communications, 17(8): 1415-
1425.

KIM S, 2015. Study on minimizing broadcast redundancy in strong DAD[C]. Seventh
International Conference on Ubiquitous and Future Networks, Sapporo, Japan.

KLEINROCK L, STEVENS K, 1971. Fisheye: A lenslike computer display transforma-
tion[R]. UCLA,Los Angeles: Computer Science Department.

LI D, JIA X, LIU H, 2004. Energy efficient broadcast routing in static Ad hoc wireless
networks[J]. IEEE Educational Activities Department, 3(2): 144-151.

LI J, BLAKE C, COUTO D S J D, et al., 2001. Capacity of Ad hoc wireless networks[C].
Proceedings of the 7th Annual International Conference on Mobile Computing and
Networking (ACM), Rome, Italy: 61-69.

LIANG W, 2002. Constructing minimum-energy broadcast trees in wireless Ad hoc net-
works[C]. Acm International Symposium on Mobile Ad hoc Networking & Computing,
Hang Zhou, China: 112-122.

LIBERTI J C, RAPPAPORT T S, 1999. Smart Antennas for Wireless Communications[C].
IEEE Antennas & Propagation Society International Symposium, Orlando, FL, USA.

LIM H, KIM C, 2001. Flooding in wireless Ad hoc networks[J]. Computer Communications,

24(3-4): 353-363.

LIN M J, MARZULLO K, MASINI S, 1999. Gossip versus deterministic flooding: Low message overhead and high reliability for broadcasting on small networks[C]. Proceedings of International Symposium on Distributed Computing, Berlin: Springer-Verlag.

LIU Y, HU X, LEE M J, et al., 2004. A region-based routing protocol for wireless mobile Ad-Hoc networks[J]. IEEE Network, 18(4): 12-17.

LIVADAS C, LYNCH N A, 2003. A reliable broadcast scheme for sensor networks[R]. MIT/CSAIL/TR-915, Computer Science and Artificial Intelligence Lab, MIT, Cambridge, MA.

MANN C R, BALDWIN R O, KHAROUFEH J P, et al., 2007. A trajectory-based selective broadcast query protocol for[J]. Telecommunication Systems, 35(1-2): 67-86.

MARÓTI M, 2004. Directed flood-routing framework for wireless sensor networks[C]. Middleware 2004, ACM/IFIP/USENIX International Middleware Conference, ACM, Toronto, Canada: 99-114.

NASIPURI A, MANDAVA J, MANCHALA H, et al., 2000a. On-demand routing using directional antennas in mobile Ad hoc networks[C]. Proceedings of the IEEE WCNC. Las Vegas, NV, USA: 535-541.

NASIPURI A, YE S, YOU J, et al., 2000b. A MAC protocol for mobile Ad hoc networks using directional antennas[C]. Proceedings of WCNC, Chicago, USA, 3: 1214-1219.

NI S Y, TSENG Y C, CHEN Y S, et al., 1999. The broadcast storm problem in a mobile Ad hoc network[C]. Proceedings of the ACM/IEEE MOBICOM, Seattle, Washington: 151-162.

PAGANI E, ROSSI G P, 1999. Providing reliable and fault tolerant broadcast delivery in mobile ad-hoc networks[J]. Mobie Networks and Applications, 4(3): 175-192.

PEI G P G, GERLA M, CHEN T W, 2000a.Fisheye state routing: a routing scheme for Ad hoc wireless networks[C]. IEEE international conference on communications. IEEE, New Orleans, USA, 1: 70-74.

PEI G P G, GERLA M, CHEN T W, 2000b. Fisheye state routing in mobile Ad hoc networks[C]. Proceedings of Workshop on Wireless Networks and Mobile Computing, Taipei, China.

PENG W, LU X C, 2001a. Efficient broadcast in mobile Ad hoc networks using connected dominating sets[J]. Journal of Software, 12(4): 529-536.

PENG W, LU X C, 2001b. AHBP: An efficient broadcast protocol for mobile Ad hoc networks[J]. Journal of Computer Science and Technology, 16(2): 114-125.

PENG W, LU X C, 2000a. On the reduction of broadcast redundancy in mobile Ad hoc networks[C]. Mobile and Ad hoc Networking and Computing, 2000. First Annual Workshop on IEEE, Changsha, China: 129-130.

PENG W, LU X C, 2000b. Efficient broadcast in mobile Ad hoc networks using connected dominating sets[C]. Proceedings of ICPADS, Iwate, Japan.

PERKINS C E, BHAGWAT P, 1994. Highly dynamic destination-sequenced distance-vector routing (dsdv) for mobile computers[C]. Proceedings of ACM SIGCOMM'94, London, UK: 234-244.

PIRES R M, PINTO A S R, BRANCO K R L J C, 2019. The broadcast storm problem in fanets and the dynamic neighborhood-based algorithm as a countermeasure[J]. IEEE Access, 7: 59737-59757.

PRASANT M, SRIKANTH V K, 2005. Ad hoc Networks Technologies and Protocols[M]. Berlin: Springer Press.

QAYYUM A, VIENNOT L, LAOUITI A, 2000. Multipoint relaying: An efficient technique for flooding in mobile wireless networks[R]. RR-3898, INRIA.

RAMANATHAN R, 2001. On the performance of Ad hoc networks with beamforming antennas[C]. Proceedings of ACM MOBIHOC, Long Beach, CA, USA: 95-105.

RAMANATHAN R, REDI J, SANTIVANEZ C, et al., 2005. Ad hoc networking with directional antennas: A complete system solution[J]. IEEE Journal on Selected Areas in Communications, 23(3): 496-506.

SAHA A K, JOHNSON D B, 2004. Routing improvement using directional antennas in mobile Ad hoc networks[C]. Proceedings of IEEE GLOBECOM, Dallas, Texas, USA: 2902-2908.

SAMIR R D,CHARLES E P, ELIZABETH M B, 2003. Ad hoc on-demand distance vector (AODV) routing[S]. IETF. RFC3561, July, Nokia research center, university of California, university of Cincinnati.

SCHUMACHER A, PAINILAINEN S, LUH T, 2004. Research study of manet routing protocols[C]. Department of computer science university of Helsinki, Finland.

SCOTT M C, JOSEPH P M, 1999. Mobile Ad hoc networking (MANET): Routing protocol performance issues and evaluation considerations[S]. IETF. RFC2501, naval research laboratory, university of Maryland.

SHENG M, LI J, SHI Y, 2005. Relative degree adaptive flooding broadcast algorithm for Ad hoc networks[J]. IEEE transactions on broadcasting, 51(2): 216-222.

SHEU J P, HSU C S, CHANG Y J, 2006. Efficient broadcasting protocols for regular wireless sensor networks[J]. Wireless Communications and Mobile Computing, 6(1): 35-48.

SHEU J P, TU S C, YU C H, 2007. A distributed query protocol in wireless sensor networks[J]. Wireless Personal Communications, 41(4): 449-464.

SONG W Z, LI X Y, FRIEDER O, et al., 2006. Localized topology control for unicast and broadcast in wireless Ad hoc networks[J]. IEEE Transactions on Parallel and Distributed Systems, 17(4): 321-334.

SPYROPOULOS A, RAGHAVENDRA C S, 2002. Energy efficient communications in Ad hoc networks using directional antennas1[C]. Joint Conference of the IEEE Computer & Communications Societies IEEE, New York, USA, 1: 220-228.

SUN M T, LAI T H, 2002. Location aided broadcast in wireless Ad hoc network systems[C]. Wireless Communications & Networking Conference, Orlando, USA, 2: 597-602.

THOMAS H C, PHILIPPE J, 2003. Optimized link state routing protocol (OLSR)[S]. IETF. RFC3626, project hipercom, INRIA.

WAN P J, CALINESCU G, LI X Y, et al., 2001. Minimum-energy broadcast routing in static Ad hoc wireless networks[C]. Proceedings of IEEE INFOCOM, Anchorge, Alaska, USA: 1162-1171.

WANG F, CHEN Z, ZHANG J, et al., 2019. Greedy forwarding and limited flooding based routing protocol for UAV flying Ad-Hoc networks[C]. 9th International Conference on Electronics Information and Emergency Communication (ICEIEC), Beijing, China.

WANG Y, GARCIALUNAACEVES J J, 2003 .Broadcast traffic in Ad hoc networks with directional antennas[C]. IEEE Global Telecommunications Conference, San Francisco, USA, IEEE. 1(1): 210-215.

WIESELTHIER J E, NGUYEN G D, EPHREMIDES A, 2000 . On the construction of energy-efficient broadcast and multicast trees in wireless networks[C]. Proceedings IEEE Infocom, Tel Aviv Israel, 2(6): 585-594.

WIESELTHIER J E, NGUYEN G D, EPHREMIDES A, 2001. Algorithms for energy-efficient multicasting in static ad hoc wireless networks[J]. Mobile Networks and Applications, 6(3): 251-263.

WILLIAMS B, CAMP T,2002. Comparison of broadcasting techniques for mobile Ad hoc networks[C]. Proceedings of the 3rd ACM International Symposium on Mobile ad hoc Networking and Computing (MOBIHOC'02), Lausanne, Switzerland: 194-205.

WU J, DAI F,2004. A generic distributed broadcast scheme in Ad hoc wireless networks[J]. IEEE Transactions on Computers, 53(10): 1343-1354.

WU X, BHARGAVA B, 2005. AO2P: Ad hoc on-demand position-based private routing protocol[J]. IEEE Transactions on Mobile Computing, 4(4): 335-348.

YE F, ZHONG G, LU S, et al., 2005. Gradient broadcast: A robust data delivery protocol for large scale sensor networks[J]. Wireless Networks, 11(3): 285-298.

YUAN Y, ZHU L, 2014. Application scenarios and enabling technologies of 5G[J]. China Communications, 11(11): 69-79.

ZENG X, WANG D, YU M, et al., 2017. A new probability-based multihop broadcast protocol for vehicular networks[C]. 2017 IEEE 14th international conference on networking, sensing and control (ICNSC), Calabria, Italy.

ZENG X, YU M, WANG D, 2018. A new probabilistic multi-hop broadcast protocol for vehicular networks [J]. IEEE Transactions on Vehicular Technology, 67(12): 12165-12176.

ZHAO R Q, HU Y F, SHEN X H, et al., 2012a. Research on underwater acoustic networks routing using simulations[C]. IEEE ICSPCC, Hong Kong, China: 384-387.

ZHAO R Q, SHEN X H, JIANG Z, et al., 2012b. Least redundancy broadcast algorithm for dense and large scale wireless multi-hop networks[J]. International Journal of Distributed Sensor Networks, 12(2): 1-12.

ZHAO R Q, WEN A J, LIU Z J, et al., 2007a. Maximum life-time localized broadcast routing in manet[J]. Lecture Notes in Computer Science, 4672(1): 193-202.

ZHAO R Q, WEN A J, LIU Z J, et al., 2007b. A trustworthy neighbor discovery algorithm for pure directional transmission and reception in MANET[J]. IEEE ICACT, 1(1): 926-930.

ZHENG J, LORENZ P, DINI P, 2006. Wireless sensor networking[J]. IEEE Network, 20(3): 4-5.